I0844589

LAS NUEVAS FRONTERAS DE LA GENÉTICA

EDICIÓN GENÉTICA, CRISPR Y EL FUTURO DE LA HUMANIDAD

DAVID SANDUA

Las nuevas fronteras de la genética: Edición genética, CRISPR y el futuro de la humanidad.

© David Sandua 2023 All rights reserved

Kindle Direct Publishing

Paperback Edition 2023

"Al reescribir el código genético, estamos escribiendo el prólogo de un futuro en el que las enfermedades genéticas no sean más que un recuerdo".

Dra. Sophia Lewis, Terapeuta Genética.

ÍNDICE

I. INTRODUCCIÓN

El mundo de la genética siempre ha sido un tema cautivador y tentador, que ha ampliado continuamente los límites de la comprensión humana y ha allanado el camino a avances sin precedentes. En los últimos años, un avance en particular ha revolucionado el campo: la edición de genes, posible gracias a la revolucionaria herramienta conocida como CRISPR. Esta poderosa tecnología ha dado paso a una nueva era de posibilidades, permitiendo a los científicos manipular el tejido mismo de nuestro código genético con una precisión sin precedentes. El potencial de la edición genética y CRISPR para transformar la medicina, la agricultura e incluso alterar el futuro de la humanidad es nada menos que asombroso. En este ensayo, nos embarcaremos en un viaje para explorar las apasionantes fronteras de la genética, profundizar en los entresijos de la edición genética y contemplar las profundas implicaciones que tiene para nuestra sociedad. A medida que nuestra comprensión de la genética se ha ido profundizando con el tiempo, la idea de alterar el ADN para curar enfermedades y mejorar las capacidades humanas ha cautivado la imaginación tanto de los científicos como del público en general. CRISPR, acrónimo de Repeticiones Palindrómicas Cortas Agrupadas Regularmente Intercaladas, ha surgido como un cambio de juego en este campo. Esta revolucionaria herramienta de ingeniería genética actúa como un par de tijeras moleculares, capaces de cortar y modificar con precisión el ADN. A diferencia de los métodos anteriores de edición genética, CRISPR ofrece un nivel de accesibilidad y eficacia que antes era insondable. Permite a los investigadores dirigir y editar fácilmente genes específicos, abriendo un mundo de posibilidades para tratar enfermedades hereditarias, como la fibrosis quística o la anemia falciforme, que antes se consideraban incurables. El potencial de la edición genética se extiende mucho más allá de los límites de la medicina. Con CRISPR, los científicos tienen el poder de remodelar ecosistemas enteros modificando la composición genética de los organismos. Esta tecnología tiene el potencial de diseñar cultivos resistentes a plagas y enfermedades, aumentando el rendimiento y reduciendo la dependencia de pesticidas potencialmente dañinos. También podría permitir la creación de organismos modificados genéticamente capaces de tolerar condiciones ambientales extremas, como la sequía o las altas temperaturas, revolucionando potencialmente la agricultura y garantizando la seguridad alimentaria en un clima cambiante. CRISPR ha abierto vías para el desarrollo de nuevos biocombustibles, materiales renovables e incluso métodos más eficaces de eliminación de residuos. Aunque las posibilidades de la edición genética son innegablemente apasionantes, no están exentas de consideraciones éticas y sociales. A medida que nos adentramos en el ámbito de la manipulación de nuestra huella genética, surgen cuestiones de seguridad, equidad y consecuencias imprevistas. Garantizar el uso ético de las tecnologías de edición genética es crucial para evitar posibles abusos y mantener la confianza del público. Deben abordarse cuestiones de equidad y acceso, ya que los beneficios de la edición genética no deben limitarse a unos pocos privilegiados. Los efectos a largo plazo de la alteración de los genes en los organismos y la posible propagación de esos cambios a través de la reproducción o las interacciones medioambientales requieren una consideración cuidadosa y evaluaciones exhaustivas de los riesgos. Sin duda, la edición genética y

CRISPR nos han llevado al límite de la ciencia, pero ¿qué hay más allá? Las implicaciones de estos avances para el futuro de la humanidad son profundas y polifacéticas. Por un lado, la capacidad de eliminar enfermedades genéticas y mejorar la salud general y la longevidad tiene un enorme valor para las personas y la sociedad en su conjunto. Ofrece la esperanza de un futuro en el que puedan erradicarse las afecciones debilitantes y pueda maximizarse el potencial humano. Por otra parte, el poder de manipular los genes plantea complejas cuestiones éticas sobre lo que significa ser humano, los límites de la selección natural y el potencial de la eugenesia. La llegada de la edición genética y CRISPR ha revolucionado el campo de la genética y ha abierto nuevas fronteras de posibilidades. Con el poder de modificar con precisión el ADN, estos avances encierran un inmenso potencial para curar enfermedades genéticas, remodelar ecosistemas y posiblemente incluso alterar la esencia misma de lo que significa ser humano. Estas apasionantes perspectivas van acompañadas de consideraciones éticas y sociales que no deben pasarse por alto. Al embarcarnos en este viaje a los confines de la ciencia, debemos navegar con cuidado y reflexión, asegurándonos de que el futuro de la edición genética se alinea con nuestros valores y aspiraciones como sociedad global.

ANTECEDENTES DE LA GENÉTICA

La genética, el estudio de la herencia y la variación de las características hereditarias, es un campo que ha fascinado a científicos e investigadores durante siglos. Desde los experimentos de Gregor Mendel con plantas de guisantes en el siglo XIX, la genética ha tratado de desentrañar los entresijos de la vida misma. Gracias al trabajo de Mendel se establecieron los principios fundamentales de la genética, como los rasgos dominantes y recesivos. Desde estos humildes comienzos, la genética ha evolucionado hasta convertirse en un campo complejo y multidisciplinar que abarca diversas subdisciplinas como la genética molecular, la genética de poblaciones y la genómica funcional. Con los avances tecnológicos y la llegada de herramientas de edición genética como CRISPR, el campo de la genética ha sido testigo de un avance revolucionario que tiene el potencial de remodelar el futuro de la humanidad. El ácido desoxirribonucleico (ADN), conocido comúnmente como el modelo de la vida, es el núcleo de la genética. El ADN contiene la información genética que determina los rasgos de un organismo, desde sus atributos físicos hasta su susceptibilidad a ciertas enfermedades. El descubrimiento de la estructura del ADN por James Watson y Francis Crick en 1953 abrió la puerta al campo de la genética molecular. Los científicos pronto se dieron cuenta de que comprendiendo la estructura y función del ADN podrían desentrañar los secretos de la vida en su nivel más básico. Uno de los hitos más significativos en el campo de la genética fue la finalización del Proyecto Genoma Humano (PGH) en 2003. Este enorme esfuerzo internacional pretendía determinar la secuencia de pares de bases nucleotídicas que componen el ADN humano e identificar todos los genes presentes en el genoma humano. El HGP no sólo proporcionó a los investigadores un mapa completo del genoma humano, sino que también allanó el camino para futuras investigaciones en los campos de la medicina personalizada y la terapia génica. Al identificar genes específicos asociados a enfermedades, los investigadores pudieron desarrollar terapias y tratamientos específicos para las personas en función de su composición genética. CRISPR-Cas9 es una revolucionaria herramienta de edición genética que permite a los científicos editar con precisión secuencias de ADN en organismos vivos. Funciona utilizando una molécula de ARN guía para apuntar a una secuencia específica de ADN, y una enzima llamada Cas9 para cortar y modificar el ADN en ese lugar. CRISPR puede revolucionar la medicina, la agricultura e incluso la conservación del medio ambiente. En el ámbito de la medicina, es muy prometedora para el tratamiento de trastornos genéticos. Al dirigirse a los genes causantes de enfermedades, los investigadores pueden corregir potencialmente los defectos genéticos subyacentes, ofreciendo una cura donde antes no existía ninguna. Por ejemplo, los investigadores han utilizado con éxito CRISPR para corregir la mutación responsable de una forma de ceguera hereditaria en ratones, lo que permite albergar esperanzas de un tratamiento similar en humanos. CRISPR ha demostrado su potencial en el campo de la investigación del cáncer, con estudios que indican su capacidad para matar selectivamente las células cancerosas dejando indemnes a las células sanas. Más allá del tratamiento de enfermedades, CRISPR también tiene potencial para remodelar el futuro de la agricultura. Modificando los genes de los cultivos, los investigadores pueden mejorar su valor nutricional, aumentar su resistencia a plagas y enfermedades e incluso mejorar su tolerancia a condiciones ambientales como la sequía. Esto podría tener implicaciones significativas para la seguridad alimentaria mundial, ya que los cultivos modificados genéticamente podrían aumentar la productividad agrícola y reducir la necesidad de pesticidas y fertilizantes químicos. CRISPR podría desempeñar un papel vital en la conservación del medio ambiente ayudando en los esfuerzos de conservación de las especies. Los científicos ya han empezado a explorar el uso de la edición genética para abordar cuestiones como el declive de especies en peligro de extinción y la erradicación de especies invasoras. La capacidad de manipular la composición genética de los organismos podría proporcionar enfoques novedosos para conservar la biodiversidad y restaurar los ecosistemas alterados por las actividades humanas. La genética y la revolucionaria tecnología de edición genética CRISPR tienen el potencial de revolucionar diversos aspectos de la vida humana, desde la medicina hasta la agricultura y la conservación del medio ambiente. El campo de la genética, con su capacidad para comprender y manipular los componentes básicos de la vida, tiene un futuro extraordinario para la humanidad. A medida que los investigadores siguen ampliando los límites de lo posible, es importante tener en cuenta las consideraciones éticas y garantizar el uso responsable de estas poderosas herramientas para aprovechar todo el potencial de la genética en beneficio de la humanidad.

INTRODUCCIÓN A LA TECNOLOGÍA CRISPR

La tecnología CRISPR (Repeticiones Palindrómicas Cortas Agrupadas Regularmente Interespaciadas) ha surgido como una herramienta revolucionaria en el campo de la genética, con potencial para transformar diversos aspectos de nuestras vidas. Con su capacidad para editar con precisión secuencias de ADN, CRISPR ha dado lugar a una nueva frontera en la edición de genes, abriendo infinitas posibilidades de avances en medicina, agricultura e incluso la preservación de especies en peligro de extinción. Esta tecnología, derivada de un sistema inmunitario natural de las bacterias, ha captado la atención de científicos e investigadores de todo el mundo por su sencillez, eficacia y versatilidad. El rápido desarrollo y la adopción generalizada de la tecnología CRISPR han permitido a los investigadores explorar y manipular los componentes básicos de la vida de formas sin precedentes, anunciando una nueva era de la ingeniería genética que puede dar forma al futuro de la humanidad. Desde la curación de enfermedades genéticas hasta la modificación de organismos, CRISPR ha demostrado ser una poderosa herramienta que encierra una inmensa promesa a la hora de abordar algunos de los retos más acuciantes a los que se enfrenta la humanidad hoy en día. Una de las aplicaciones más significativas de la tecnología CRISPR se encuentra en el campo de la medicina. Mediante la edición selectiva del ADN, los científicos pueden corregir potencialmente las mutaciones genéticas que causan diversas enfermedades, ofreciendo la esperanza de curar afecciones anteriormente intratables. Mediante el uso de CRISPR para

editar el código genético de las células enfermas, los investigadores pueden, en teoría, eliminar las raíces de las enfermedades,
en lugar de limitarse a tratar sus síntomas. Este avance tiene el
potencial de revolucionar el tratamiento de trastornos genéticos
como la anemia falciforme, la fibrosis quística y la enfermedad
de Huntington, que llevan mucho tiempo asolando a las personas
y a sus familias. La capacidad de editar el código genético también abre las puertas a la medicina personalizada, mediante la
cual los tratamientos pueden adaptarse a la composición genética única de un individuo, lo que conduce a mejores resultados
terapéuticos y a la reducción de los efectos secundarios.

Además de sus aplicaciones médicas, la tecnología CRISPR tiene
el potencial de transformar la agricultura y abordar los retos de
la seguridad alimentaria. Con la previsión de que la población
mundial alcance los 9.700 millones de habitantes en 2050, los
científicos se ven sometidos a una presión cada vez mayor para
encontrar formas sostenibles de alimentar a una población mundial en aumento. CRISPR ofrece una solución prometedora al permitir el desarrollo de cultivos modificados genéticamente que
son más resistentes a plagas, enfermedades y factores de estrés
medioambiental. Editando genes específicos responsables de
rasgos como la resistencia a la sequía o el contenido nutricional,
los científicos pueden crear cultivos capaces de prosperar en
condiciones adversas y proporcionar mayores rendimientos. Esta
tecnología también tiene el potencial de mejorar el valor nutricional de los cultivos, aumentando el acceso a vitaminas y minerales esenciales en regiones donde prevalece la malnutrición.
Es imperativo garantizar que el uso de CRISPR en la agricultura
se regule cuidadosamente para abordar los posibles problemas
éticos y evitar consecuencias no deseadas.

La tecnología CRISPR tiene el potencial de desempeñar un papel crucial en los esfuerzos de conservación y preservación de las especies amenazadas. A medida que las actividades humanas siguen alterando los ecosistemas y llevando a las especies al borde de la extinción, los conservacionistas se enfrentan al reto de proteger la biodiversidad. Mediante la aplicación de CRISPR, los científicos pueden revivir potencialmente poblaciones de especies en peligro alterando su composición genética para aumentar sus posibilidades de supervivencia. Esto podría implicar la edición de los genes responsables de la susceptibilidad a las enfermedades, la mejora de las capacidades reproductivas o incluso la reintroducción de rasgos que se han perdido debido a la interferencia humana. No obstante, el uso de la tecnología CRISPR en la conservación plantea complejas cuestiones éticas y requiere una cuidadosa consideración para garantizar que se emplea de forma responsable y teniendo debidamente en cuenta las implicaciones ecológicas a largo plazo. La tecnología CRISPR representa un avance significativo en genética, que nos impulsa hacia un mundo con posibilidades inimaginables. Con su capacidad para editar con precisión el ADN, esta herramienta revolucionaria tiene el potencial de curar enfermedades genéticas, abordar los retos de la seguridad alimentaria e incluso remodelar los ecosistemas. Sin embargo, la aplicación práctica de la tecnología CRISPR requiere una cuidadosa consideración de las implicaciones éticas, legales y sociales. A medida que los científicos siguen ampliando los límites de la edición genética, es crucial mantener un enfoque equilibrado que defienda los principios éticos, fomente la transparencia y promueva un uso responsable. El futuro de la tecnología CRISPR es inmensamente prometedor, pero su éxito dependerá en última instancia de cómo naveguemos por el complejo terreno de la ingeniería genética, garantizando que nuestras acciones promuevan el bienestar de la humanidad y del mundo natural.

TESIS

El advenimiento de la edición genética, en particular CRISPR, encierra un inmenso potencial para curar enfermedades, alterar organismos y, en consecuencia, remodelar el futuro de la humanidad. El advenimiento de la edición genética, en particular CRISPR, encierra un inmenso potencial para curar enfermedades, alterar organismos y, en consecuencia, remodelar el futuro de la humanidad. En cuanto a la erradicación de enfermedades, CRISPR ha demostrado su capacidad para alterar los genes causantes de enfermedades y proporcionar potencialmente una cura para los trastornos genéticos. Al atacar y modificar con precisión genes específicos asociados a estos trastornos, CRISPR tiene el potencial de revolucionar el campo de la medicina. De hecho, los investigadores ya han logrado avances significativos en el uso de CRISPR para tratar enfermedades como la anemia falciforme y el cáncer. Por ejemplo, en un estudio publicado en la revista Science, los investigadores utilizaron con éxito CRISPR para editar un gen en embriones humanos que causa cardiomiopatía hipertrófica, una enfermedad cardiaca que afecta a millones de personas en todo el mundo. El potencial de CRISPR para curar enfermedades se extiende más allá de los trastornos genéticos, también a las enfermedades infecciosas. Mediante la edición de genes en organismos causantes de enfermedades, CRISPR podría prevenir potencialmente la propagación de enfermedades infecciosas como la malaria o el virus del Zika, salvando innumerables vidas en el proceso. Además de su potencial en la erradicación de enfermedades, la edición de genes mediante CRISPR tiene el poder de alterar los organismos de formas antes inimaginables. Con herramientas precisas de edición de genes como CRISPR, los investigadores tienen la capacidad de modificar el ADN de plantas, animales e incluso seres humanos, abriendo nuevas posibilidades para mejorar la agricultura, crear nuevas razas de cultivos y mejorar la especie humana. En la agricultura, CRISPR puede utilizarse para hacer que los cultivos sean más resistentes a enfermedades, plagas y problemas medioambientales, revolucionando potencialmente la producción de alimentos y abordando la creciente crisis alimentaria mundial. Del mismo modo, en el campo de la cría de animales, CRISPR puede utilizarse para crear organismos modificados genéticamente con rasgos mejorados, como el aumento de la producción de leche en las vacas o la resistencia a las enfermedades en los cerdos, lo que mejoraría las prácticas ganaderas y aumentaría la eficiencia. La capacidad de modificar el genoma humano mediante CRISPR plantea cuestiones éticas y debates sobre la posibilidad de crear "bebés de diseño" con rasgos deseables. Aunque la idea de manipular genéticamente a los seres humanos puede ser controvertida, CRISPR tiene el potencial de eliminar enfermedades genéticas y garantizar un futuro más saludable para las generaciones venideras. Las implicaciones de la edición genética y la tecnología CRISPR en el futuro de la humanidad son profundas. Al aprovechar el poder de la edición genética, estamos entrando en una nueva era en la que tenemos la capacidad de moldear nuestra propia biología. Esto tiene implicaciones significativas para el futuro de la asistencia sanitaria y el bienestar humano. La capacidad de editar genomas podría conducir a una medicina personalizada adaptada a la composición genética específica de cada individuo, aumentando así la eficiencia y eficacia del tratamiento. La posibilidad

de prolongar la vida humana y mejorar las capacidades cognitivas mediante modificaciones genéticas plantea importantes
consideraciones éticas sobre las implicaciones de "jugar a ser
Dios" y la posibilidad de ampliar las desigualdades sociales.
Aunque las posibilidades que presentan la edición de genes y
CRISPR son sin duda apasionantes, es crucial actuar con cautela
y abordar las implicaciones éticas, legales y sociales que se derivan de estas tecnologías. La capacidad de editar genes plantea
cuestiones acuciantes sobre la responsabilidad moral de los
científicos y los límites de nuestra intervención en el orden natural. Deben considerarse cuestiones como la accesibilidad, la asequibilidad y la equidad en el acceso a las tecnologías de edición
genética para garantizar que estos avances benefician a toda la
humanidad y no exacerban las desigualdades existentes.
La llegada de la edición de genes, en particular CRISPR, encierra
un inmenso potencial para curar enfermedades, alterar organismos y remodelar el futuro de la humanidad. La capacidad de
editar y modificar genes ya ha mostrado resultados prometedores en la erradicación de enfermedades y tiene el potencial de
revolucionar los campos de la medicina, la agricultura y la genética humana. Al navegar por estas nuevas fronteras de la genética, debemos sortear cuidadosamente los retos éticos, legales y
sociales que surjan, para garantizar que estas tecnologías se
aprovechan en beneficio y mejora de toda la humanidad.
La edición de genes y la tecnología CRISPR han abierto todo un
nuevo mundo de posibilidades en el campo de la genética. Este
apasionante reino del descubrimiento científico tiene el potencial
de curar enfermedades, cambiar organismos y remodelar el futuro de la humanidad. La capacidad de editar genes y manipular
secuencias de ADN da a los científicos el poder de realizar

cambios precisos en el código genético, algo que antes se creía imposible. Esta nueva capacidad puede revolucionar la medicina, la agricultura e incluso nuestra propia evolución como especie. Una de las aplicaciones más prometedoras de la edición genética es el tratamiento y la prevención de enfermedades. Con la tecnología CRISPR, los científicos pueden atacar y desactivar genes causantes de enfermedades, curando eficazmente trastornos genéticos que antes se creían incurables. Este avance tiene el potencial de salvar innumerables vidas y mejorar la calidad de vida de quienes padecen enfermedades genéticas. Enfermedades como la fibrosis quística, la anemia falciforme y la enfermedad de Huntington podrían algún día erradicarse por completo mediante técnicas de edición genética. Además de curar las enfermedades genéticas, la edición de genes también puede utilizarse para prevenir la transmisión de trastornos genéticos de una generación a otra, editando las células reproductoras de los individuos con estos trastornos. Este avance tiene el potencial de eliminar por completo ciertos trastornos genéticos de las poblaciones. Más allá del tratamiento de las enfermedades, la edición genética también es muy prometedora para mejorar las prácticas agrícolas y alimentar a una población mundial cada vez mayor. Manipulando los genes de los cultivos y el ganado, los científicos pueden crear organismos más resistentes a las plagas, las enfermedades y las duras condiciones ambientales. Esto puede aumentar el rendimiento de los cultivos y mejorar la eficacia de la producción agrícola. Los cultivos editados genéticamente también podrían diseñarse para que tuvieran perfiles nutricionales mejorados, proporcionando vitaminas y minerales esenciales a las poblaciones que carecen de estos nutrientes. En un mundo asolado por la inseguridad alimentaria y el cambio climático, las tecnologías de edición genética tienen el potencial de revolucionar nuestra capacidad de alimentar al planeta de forma sostenible y eficiente. Quizás la aplicación más controvertida y éticamente compleja de la edición de genes se encuentre en el ámbito de la mejora y modificación humanas. Con la capacidad de editar genes humanos, la posibilidad de alterar las capacidades físicas y cognitivas se convierte en una realidad. Aunque esto pueda sonar a ciencia ficción, la realidad es que la edición genética tiene el potencial de remodelar el futuro de la humanidad de formas sin precedentes. Plantea cuestiones sobre lo que significa ser humano, los límites de la naturaleza y la ética de manipular nuestra propia composición genética.

Por un lado, la edición genética podría utilizarse para eliminar las predisposiciones genéticas a determinadas enfermedades y trastornos, mejorando la salud y el bienestar general de las personas. Esto podría conducir a vidas más largas y saludables para las generaciones futuras. Por otro lado, la capacidad de mejorar las capacidades físicas y cognitivas plantea la preocupación de crear una élite genética y exacerbar las desigualdades sociales existentes. También plantea cuestiones éticas sobre el potencial de los bebés de diseño y la mercantilización de la vida humana. Se trata de dilemas éticos complejos que habrá que considerar y abordar cuidadosamente a medida que sigan avanzando las tecnologías de edición genética. La edición de genes y la tecnología CRISPR encierran un enorme potencial para mejorar la salud humana, alimentar a una población mundial en crecimiento y remodelar el futuro de la humanidad. La capacidad de editar genes y manipular secuencias de ADN tiene el poder de curar enfermedades, mejorar las prácticas agrícolas e incluso potenciar y modificar las capacidades humanas. Este poder conlleva una gran responsabilidad. Las consideraciones éticas deben estar a la vanguardia de estos avances, ya que la posibilidad de crear una élite genética y la mercantilización de la vida humana plantean importantes cuestiones éticas. En nuestro viaje hacia los confines de la ciencia, debemos proceder con cautela y considerar cuidadosamente las implicaciones e impactos de estas nuevas fronteras de la genética.

II. COMPRENDER LA GENÉTICA

Para comprender plenamente la importancia de la edición de genes y la tecnología CRISPR, es esencial conocer a fondo la genética. La genética es la rama de la biología que estudia los genes, los rasgos y la herencia en los organismos vivos. Los genes, que están formados por ADN, son las unidades fundamentales de la herencia y determinan las características y rasgos de un organismo. Son responsables de los rasgos hereditarios que vemos, como el color de los ojos, el color del pelo y la estatura. Los genes también desempeñan un papel crucial en el desarrollo de enfermedades. Ciertas mutaciones o variaciones en los genes pueden dar lugar a trastornos genéticos o a una mayor susceptibilidad a ciertas afecciones. Comprender la estructura y la función de los genes es esencial para que los genetistas puedan diagnosticar y tratar las enfermedades genéticas. En el corazón de la revolucionaria tecnología CRISPR está la capacidad de editar genes con precisión. CRISPR es una potente herramienta de edición de genes que permite a los científicos realizar cambios selectivos en el ADN de los organismos vivos. CRISPR-Cas9, la técnica más conocida y utilizada dentro del sistema CRISPR, consiste en utilizar una enzima llamada Cas9 para cortar el ADN en un lugar específico, y después introducir un pequeño fragmento de ADN llamado ARN guía que actúa como plantilla para las reparaciones. Este proceso permite a los científicos añadir, eliminar o modificar secciones específicas de ADN, alterando así la función de los genes. Una de las principales implicaciones de la edición de genes y la tecnología CRISPR es la posibilidad de curar enfermedades genéticas. Al identificar y corregir las mutaciones genéticas específicas responsables de una enfermedad, los científicos pueden eliminar potencialmente la causa raíz del trastorno. Esto ya se ha demostrado en varios estudios, en los que los investigadores han utilizado con éxito CRISPR para corregir mutaciones en genes asociados a diversas enfermedades genéticas, como la anemia falciforme y la fibrosis quística. En el futuro, a medida que siga mejorando nuestra comprensión de la genética y de las técnicas de edición de genes, es posible que podamos tratar eficazmente una amplia gama de trastornos genéticos que antes se consideraban incurables. La tecnología CRISPR abre nuevas posibilidades en el campo de la agricultura y la producción de alimentos. Mediante la edición genética, los científicos pueden desarrollar cultivos más resistentes a plagas, enfermedades y factores medioambientales, aumentando así el rendimiento de las cosechas y la seguridad alimentaria. La edición genética puede utilizarse para mejorar el contenido nutricional de los cultivos, dando lugar a alimentos más ricos en nutrientes. Esto tiene el potencial de abordar el problema de la malnutrición y mejorar la salud general de las poblaciones de los países en desarrollo. Es importante considerar detenidamente las implicaciones éticas de la edición genética en la agricultura, ya que aún no se conocen del todo las posibles consecuencias no deseadas y los efectos a largo plazo sobre los ecosistemas. Además de curar enfermedades y mejorar la producción de alimentos, la edición genética y la tecnología CRISPR también tienen el potencial de remodelar el futuro de la humanidad de formas que nunca habíamos imaginado. Con la capacidad de manipular la composición genética de los organismos, ahora es posible crear organismos modificados genéticamente (OMG) con rasgos deseables. Esto abre la posibilidad de crear bebés de diseño, en los que los padres pueden seleccionar rasgos y características específicos para sus hijos. Aunque esta idea pueda sonar a ciencia ficción, es una posibilidad real que suscita preocupaciones éticas sobre la posibilidad de crear una sociedad genéticamente dividida y las posibles consecuencias no deseadas. La genética es un campo de estudio fundamental que subyace a nuestra comprensión de los rasgos, las enfermedades y la herencia. La llegada de la tecnología CRISPR nos ha dado la capacidad de editar genes con precisión y es muy prometedora para curar enfermedades genéticas, mejorar la agricultura y remodelar el futuro de la humanidad. Semejante poder conlleva una gran responsabilidad, y es esencial que entablemos debates reflexivos y éticos sobre las implicaciones y los riesgos potenciales de la edición de genes. Mientras seguimos explorando las nuevas fronteras de la genética, debemos esforzarnos por utilizar estos avances para mejorar la humanidad, siendo conscientes de las consecuencias a largo plazo.

BREVE HISTORIA DE LA GENÉTICA

El campo de la genética se remonta a miles de años atrás, con raíces tempranas en la domesticación de plantas y animales. No fue hasta mediados del siglo XIX cuando Gregor Mendel sentó las bases de la genética moderna con sus experimentos con plantas de guisantes. Mendel descubrió los principios básicos de la herencia, incluido el concepto de rasgos dominantes y recesivos, así como la idea de variación genética. Su trabajo pasó desapercibido en su momento, pero más tarde se convertiría en la piedra angular de la genética moderna. El siguiente gran avance en el campo de la genética se produjo en 1953 con el descubrimiento de la estructura del ADN. James Watson y Francis Crick describieron el ADN como una doble hélice, una estructura retorcida en forma de escalera compuesta de nucleótidos. Este descubrimiento fue decisivo para comprender cómo se almacena la información genética y se transmite de generación en generación. También allanó el camino para nuevos avances en la investigación genética. En las décadas siguientes, los científicos empezaron a desentrañar los complejos mecanismos de la herencia genética. Descubrieron el papel de los genes en la determinación de los rasgos físicos, y cómo las mutaciones en estos genes pueden dar lugar a trastornos genéticos. El desarrollo de técnicas como la reacción en cadena de la polimerasa (PCR) permitió a los científicos amplificar y estudiar segmentos específicos de ADN, mejorando aún más nuestra comprensión de la variación genética y la enfermedad. Si avanzamos rápidamente hasta la actualidad, nos encontramos en la cúspide de una revolución genética. El desarrollo de la tecnología CRISPR ha revolucionado el campo de la genética. CRISPR permite a los científicos editar genes con una precisión sin precedentes, abriendo un sinfín de posibilidades en la investigación biomédica y más allá. CRISPR funciona aprovechando el poder del sistema inmunitario bacteriano. Las bacterias utilizan CRISPR para reconocer y destruir el ADN viral, protegiéndose eficazmente de la infección. Los científicos han adaptado este sistema para atacar y editar genes específicos en diversos organismos, incluido el ser humano. Utilizando una molécula llamada ARN, que actúa como guía, los científicos pueden dirigir una enzima llamada Cas9 a un lugar específico del ADN. A continuación, Cas9 corta el ADN en ese lugar, lo que permite a los investigadores eliminar, añadir o modificar material genético. Las aplicaciones potenciales de CRISPR son amplias y variadas. En el campo de la medicina, CRISPR es prometedora para el tratamiento de trastornos genéticos. Al corregir mutaciones en el ADN, los científicos esperan curar enfermedades que antes se consideraban intratables, como la fibrosis quística y la anemia falciforme. CRISPR ya ha demostrado su éxito en el tratamiento de trastornos genéticos en modelos animales, y se están realizando ensayos clínicos para probar su eficacia en seres humanos. Más allá de la medicina, CRISPR tiene potencial para transformar la agricultura creando cultivos más resistentes a plagas y enfermedades y con mayor valor nutritivo. También podría utilizarse para diseñar biomateriales, crear fuentes de energía renovables e incluso revivir especies extinguidas. Las posibilidades son realmente asombrosas. Las implicaciones éticas de la edición genética también son profundas. La capacidad de manipular el código genético plantea cuestiones sobre los límites de la intervención humana en el mundo natural. ¿Deberíamos desempeñar el papel de dioses, alterando los componentes fundamentales de la vida? ¿Y quién decide qué genes se editan y con qué fines? Éstas son cuestiones que la sociedad debe abordar a medida que la tecnología sigue avanzando. El campo de la genética ha recorrido un largo camino desde sus humildes comienzos. Desde los experimentos de Gregor Mendel con plantas de guisantes hasta el descubrimiento de la estructura del ADN, nuestra comprensión de la genética ha evolucionado rápidamente. La llegada de la tecnología CRISPR ha abierto nuevas fronteras en la investigación genética, ofreciendo oportunidades sin precedentes para curar enfermedades, modificar organismos y remodelar el futuro de la humanidad. Un gran poder conlleva una gran responsabilidad, y depende de nosotros sortear los retos éticos que acompañan a estos nuevos avances. El camino que tenemos por delante es a la vez apasionante e incierto, pero una cosa está clara: el mundo de la genética está al borde de una revolución.

RASGOS GENÉTICOS Y HERENCIA

Comprender las complejidades de los rasgos genéticos y la herencia es crucial para comprender plenamente el impacto potencial de la edición genética y las tecnologías CRISPR en el futuro de la humanidad. Los rasgos genéticos son características fundamentales determinadas por los genes que heredamos de nuestros padres. Estos rasgos pueden ir desde atributos físicos fácilmente observables, como el color de los ojos o la estatura, hasta rasgos más abstractos como la inteligencia o la predisposición a ciertas enfermedades. La naturaleza hereditaria de estos rasgos es lo que los hace fascinantes y dignos de exploración. La herencia, por su parte, se refiere a la transmisión de información genética de una generación a la siguiente. La unidad básica de la herencia es el gen, que es un segmento de ADN que contiene instrucciones para construir proteínas. Estas proteínas desempeñan un papel vital en el funcionamiento y desarrollo de nuestro cuerpo. En el proceso de la herencia, los genes se transfieren de padres a hijos mediante la reproducción sexual. En los seres humanos, la herencia de los rasgos sigue ciertos patrones. El patrón de herencia más estudiado se conoce como herencia mendeliana, llamada así por el pionero genetista Gregor Mendel. Los rasgos mendelianos son los que siguen patrones predecibles de herencia, como los rasgos dominantes o recesivos. Por ejemplo, si ambos progenitores tienen ojos marrones, es muy probable que su descendencia también los tenga. Si uno de los progenitores tiene los ojos azules y el otro marrones, la descendencia puede tener los ojos marrones o azules, dependiendo de los genes dominantes y recesivos implicados. Además de los rasgos mendelianos, hay otros tipos de patrones de herencia en los que intervienen múltiples genes y factores ambientales. Estos rasgos complejos, como la estatura o la inteligencia, están influidos por la interacción de múltiples genes, así como por factores ambientales como la nutrición, el estilo de vida y la exposición a diversos estímulos. El estudio de estos rasgos complejos y sus patrones de herencia es un área de investigación fascinante y continua. El descubrimiento de la tecnología CRISPR ha revolucionado nuestra capacidad para manipular y editar genes, abriendo posibilidades totalmente nuevas para comprender y alterar los rasgos genéticos. CRISPR, acrónimo de Repeticiones Palindrómicas Cortas Agrupadas Regularmente Espaciadas, hace referencia a un sistema natural de las bacterias que actúa como mecanismo de defensa inmunitaria contra las infecciones víricas. Los científicos han aprovechado este sistema para desarrollar una potente herramienta de edición de genes que permite realizar modificaciones precisas y eficaces en el ADN de los organismos vivos. CRISPR funciona utilizando una molécula llamada ARN, que es capaz de guiar una proteína a una sección específica del ADN. Esta proteína, conocida como Cas9, actúa como unas tijeras moleculares, cortando la cadena de ADN en el lugar deseado. Los mecanismos naturales de reparación de la célula se encargan entonces de reparar el ADN cortado o de introducir los cambios deseados insertando un nuevo fragmento de ADN. Con la ayuda de la tecnología CRISPR, los científicos pueden ahora editar genes específicos, eliminar mutaciones perjudiciales o introducir nuevos rasgos en el ADN de un organismo. Las aplicaciones potenciales de CRISPR son amplias y pueden ser tanto prometedoras como controvertidas. Por un lado, la edición de genes encierra la promesa de curar enfermedades genéticas corrigiendo genes defectuosos. Esto podría significar la erradicación de trastornos genéticos devastadores como la fibrosis quística, la anemia falciforme o la enfermedad de Huntington. Además de la prevención de enfermedades, la tecnología CRISPR también ofrece la posibilidad de mejorar rasgos deseables, como aumentar el rendimiento de las cosechas o crear ganado resistente a las enfermedades. Las implicaciones éticas de la edición genética siguen siendo objeto de debate, sobre todo cuando se trata de modificar la línea germinal humana, lo que afectaría a las generaciones futuras. Para comprender plenamente el potencial de la edición de genes y las tecnologías CRISPR, es fundamental tener un conocimiento exhaustivo de los rasgos genéticos y la herencia. La herencia de los rasgos genéticos sigue patrones predecibles, aunque con complejidades y variaciones implicadas en los rasgos complejos. El descubrimiento de CRISPR ha abierto nuevas fronteras en la edición de genes, permitiendo modificaciones precisas del ADN. Aunque las aplicaciones potenciales de CRISPR son prometedoras, son necesarias consideraciones éticas e investigaciones continuas para aprovechar su potencial de forma responsable y ética. El futuro de la humanidad está, pues, en la intersección de la genética, CRISPR y la toma de decisiones consciente.

EL PAPEL DEL ADN EN LA GENÉTICA

En el campo de la genética, el ADN desempeña un papel fundamental en la determinación de los rasgos y características de los organismos vivos. El ácido desoxirribonucleico, comúnmente conocido como ADN, es una molécula compleja que transporta la información genética necesaria para el desarrollo y funcionamiento de todos los organismos vivos conocidos. Está formado por una secuencia de nucleótidos que contienen las instrucciones para construir y mantener un organismo. El ADN se encuentra en el núcleo de una célula y está organizado en estructuras denominadas cromosomas. Cada cromosoma contiene muchos genes, que son segmentos específicos de ADN que codifican proteínas concretas. Estas proteínas son responsables de llevar a cabo las diversas funciones del cuerpo y, en última instancia, determinan las características de un organismo. Una de las contribuciones más significativas del ADN a la genética es su capacidad para experimentar la replicación y la transcripción, lo que permite la transmisión de la información genética de una generación a la siguiente. Cuando una célula se divide, su ADN debe replicarse para que cada célula hija reciba una copia idéntica del material genético. Este proceso garantiza que la información genética se transmita y sea heredada por las siguientes generaciones. La replicación se consigue mediante el emparejamiento de bases complementarias de los nucleótidos del ADN. La adenina se empareja con la timina, y la citosina con la guanina, formando la famosa estructura de doble hélice del ADN.

Otro papel crucial del ADN en la genética es el proceso de

transcripción, que implica la síntesis de una molécula complementaria de ARN a partir de una plantilla de ADN. Este proceso tiene lugar en el núcleo y está catalizado por una enzima llamada ARN polimerasa. Durante la transcripción, la doble hélice del ADN se desenrolla, dejando al descubierto una secuencia genética específica. A continuación, la ARN polimerasa lee la secuencia de ADN y sintetiza una molécula de ARN complementaria añadiendo nucleótidos complementarios a la cadena molde de ADN expuesta. Esta molécula de ARN, conocida como ARN mensajero (ARNm), transporta la información genética del ADN a los ribosomas del citoplasma, donde actúa como molde para la síntesis de proteínas. La importancia del ADN en la genética se pone aún más de relieve por su papel como portador de la información genética, o genes, que determina los rasgos y características de un organismo. Los genes son secuencias específicas de ADN que codifican proteínas concretas. Estas proteínas son los componentes básicos de las células y desempeñan una amplia gama de funciones en el organismo. Son responsables de rasgos como el color de los ojos, la estatura y la susceptibilidad a ciertas enfermedades. La expresión de los genes está regulada por una compleja red de interacciones moleculares que controlan cuándo y dónde se activan o desactivan determinados genes. Esta regulación permite el desarrollo y la especialización de los distintos tipos celulares de un organismo, garantizando que cada célula desempeñe su función específica. Los avances en genética y tecnología, como el desarrollo de CRISPR, han revolucionado nuestra capacidad para editar y manipular el ADN. CRISPR es una potente herramienta de edición genética que permite a los científicos modificar selectivamente genes específicos dentro de la secuencia de ADN de un organismo. Esta tecnología tiene el potencial de curar enfermedades genéticas, mejorar el rendimiento de los cultivos y abordar diversos retos medioambientales. Al editar la secuencia de ADN, los científicos pueden eliminar mutaciones perjudiciales, introducir rasgos beneficiosos o incluso crear variaciones genéticas totalmente nuevas. Las posibilidades son prácticamente ilimitadas, y las repercusiones en la salud humana, la agricultura y el medio ambiente son profundas. El ADN desempeña un papel crucial en el campo de la genética. Su capacidad para transportar y transmitir información genética, someterse a replicación y transcripción, y determinar los rasgos y características de un organismo, lo convierte en un foco central de estudio e investigación. Los avances en las tecnologías genéticas, como CRISPR, han abierto nuevas fronteras en la edición y manipulación de genes. Estos avances tienen el potencial de curar enfermedades, modificar organismos y dar forma al futuro de la humanidad. A medida que aumenta nuestro conocimiento del ADN, también lo hace nuestra capacidad para desvelar los secretos de la vida y aprovechar su potencial para mejorar la humanidad. En los últimos años, el campo de la genética ha experimentado una notable transformación gracias al desarrollo de técnicas revolucionarias como la edición de genes y CRISPR. Estos avances tienen el potencial no sólo de curar enfermedades que han asolado a la humanidad durante siglos, sino también de cambiar el tejido mismo de los organismos. Las posibilidades que presentan estas tecnologías son realmente asombrosas y tienen el poder de remodelar el futuro de la humanidad de formas que nunca creímos posibles. Una de las aplicaciones más apasionantes de la edición genética y CRISPR es en el campo de la medicina. Hasta ahora, muchos trastornos genéticos se consideraban intratables o sólo manejables con un éxito limitado. Con la llegada de estas nuevas tecnologías, los científicos han podido manipular directamente los genes responsables de estos trastornos, abriendo todo un mundo nuevo de posibilidades de tratamiento y curación. Enfermedades como la fibrosis quística, la anemia falciforme y la distrofia muscular, que antes no tenían cura, están ahora a punto de desaparecer por completo. La edición genética puede corregir los genes defectuosos que causan estas enfermedades, permitiendo a las personas llevar vidas sanas y productivas. Este avance puede revolucionar la asistencia sanitaria y mejorar la vida de millones de personas en todo el mundo. Pero el impacto de la edición genética y CRISPR no se limita únicamente al campo de la medicina. Estas tecnologías también tienen el poder de cambiar la naturaleza misma de los organismos. Los científicos son ahora capaces de modificar los genes de diversos organismos, desde plantas a animales, con una precisión sin precedentes. Esto tiene implicaciones de gran alcance para la agricultura, ya que los cultivos pueden modificarse genéticamente para mejorar su contenido nutricional, aumentar el rendimiento y hacerse resistentes a plagas y enfermedades. Esto no sólo resolvería el problema del hambre en el mundo, sino que también reduciría la necesidad de pesticidas y fertilizantes nocivos. La edición genética tiene el potencial de resucitar especies extinguidas mediante la modificación de su material genético, ofreciendo la tentadora perspectiva de traer de vuelta criaturas perdidas hace mucho tiempo y restaurar ecosistemas frágiles. La edición genética y CRISPR tienen el potencial de redefinir nuestra comprensión de la propia evolución. Mientras que tradicionalmente la evolución ha sido un proceso lento y gradual que ocurre a lo largo de millones de años, la edición de genes permite la posibilidad de cambios rápidos y deliberados en los organismos. Esto significa que ahora los científicos pueden guiar activamente la evolución de las especies, acelerando el proceso y creando potencialmente versiones nuevas y mejoradas de los organismos que se adapten mejor a su entorno. Esto tiene enormes implicaciones para el futuro de la humanidad, ya que podríamos diseñarnos a nosotros mismos para ser más resistentes a las enfermedades, mejorar nuestras capacidades cognitivas o incluso mejorar nuestros atributos físicos. Las posibilidades sólo están limitadas por nuestra imaginación y las consideraciones éticas. Como ocurre con cualquier tecnología nueva, la edición genética y CRISPR conllevan su parte de preocupaciones éticas. La capacidad de manipular los genes de los organismos plantea cuestiones sobre los límites de lo que es moralmente aceptable. ¿Deberíamos, por ejemplo, editar los genes de los embriones para eliminar el riesgo de enfermedades genéticas antes del nacimiento? Si tenemos el poder de modificar genes que afectan a rasgos como la inteligencia o el aspecto físico, ¿dónde trazamos el límite? Se trata de dilemas éticos complejos que deben considerarse cuidadosamente a medida que profundizamos en las posibilidades que ofrecen la edición de genes y CRISPR.

La aparición de la edición genética y CRISPR ha abierto una nueva frontera en el campo de la genética. Estas tecnologías tienen el potencial de curar enfermedades, remodelar organismos e incluso redefinir nuestra comprensión de la propia evolución. Las implicaciones para el futuro de la humanidad son asombrosas y ofrecen inmensas posibilidades de mejora y progreso. No obstante, las consideraciones éticas que rodean a esta tecnología deben abordarse cuidadosamente para garantizar que navegamos por estas nuevas fronteras con sabiduría y responsabilidad. Sólo entonces seremos capaces de aprovechar plenamente el poder de la edición genética y CRISPR para la mejora de la humanidad.

III. TÉCNICAS DE EDICIÓN GENÉTICA

Las técnicas de edición genética han revolucionado el campo de la genética, ofreciendo un poder sin precedentes para manipular la composición genética de los organismos. Una de estas técnicas que ha ganado una inmensa popularidad en los últimos años es CRISPR-Cas9. Este método permite a los científicos editar genes dirigiéndose a secuencias específicas de ADN y realizando modificaciones precisas. CRISPR-Cas9 funciona utilizando un pequeño fragmento de ARN llamado ARN guía para guiar a la enzima Cas9 hasta el lugar deseado del genoma. Una vez en el lugar objetivo, Cas9 crea una rotura de doble cadena en la molécula de ADN, lo que desencadena los mecanismos naturales de reparación del ADN de la célula. A continuación, los científicos pueden introducir en la célula una secuencia de ADN deseada, que se incorporará durante el proceso de reparación.

La versatilidad y facilidad de uso de CRISPR-Cas9 lo han convertido en un revolucionario en el campo de la edición genética. Su capacidad para dirigirse a genes específicos con gran precisión ha abierto nuevas posibilidades para tratar trastornos genéticos. De hecho, los investigadores ya han demostrado el potencial de CRISPR-Cas9 en el tratamiento de enfermedades como la distrofia muscular de Duchenne y la anemia falciforme. Al corregir las mutaciones genéticas subyacentes responsables de estas enfermedades, CRISPR-Cas9 ofrece una vía prometedora para terapias permanentes y específicas. CRISPR-Cas9 no sólo ha revolucionado el tratamiento de las enfermedades genéticas, sino que también tiene el potencial de abordar importantes retos sanitarios mundiales. Se ha utilizado con éxito para diseñar mosquitos resistentes a la malaria, una enfermedad que afecta a millones de personas en todo el mundo. Al introducir un gen que impide que el parásito de la malaria complete su ciclo vital en los mosquitos, los científicos esperan reducir la propagación de la enfermedad y, en última instancia, eliminarla por completo. Además de la malaria, CRISPR-Cas9 es prometedor para combatir otras enfermedades transmitidas por vectores, como el dengue y el virus del Zika. Más allá del tratamiento y la prevención de enfermedades, las técnicas de edición genética ofrecen una amplia gama de aplicaciones en diversos campos. En agricultura, CRISPR-Cas9 puede revolucionar el cultivo de plantas más resistentes a plagas y enfermedades, que necesiten menos agua o que tengan un contenido nutricional mejorado. Modificando con precisión los genes responsables de estos rasgos, los científicos pueden acelerar el proceso de mejora y crear cultivos mejor adaptados a los retos medioambientales.

Las técnicas de edición genética también son prometedoras en el ámbito de la biología de la conservación. Con el rápido declive de muchas especies debido a la destrucción de su hábitat y al cambio climático, puede ser necesario intervenir genéticamente para garantizar su supervivencia. Por ejemplo, los científicos están explorando el uso de la edición genética para combatir el síndrome de la nariz blanca, una enfermedad fúngica que ha diezmado las poblaciones de murciélagos en Norteamérica. Modificando los genes relacionados con las respuestas inmunitarias, los investigadores esperan crear murciélagos resistentes a la enfermedad y evitar así nuevos descensos de la población.

Aunque los beneficios potenciales de las técnicas de edición genética son enormes, también plantean consideraciones y preocupaciones éticas. La capacidad de alterar la composición genética de los organismos abre una caja de Pandora de cuestiones éticas, como la posibilidad de crear "bebés de diseño" o de mejorar los rasgos humanos. Las implicaciones de la edición genética en la comprensión de la identidad, la diversidad y la igualdad son profundas y requieren una cuidadosa consideración tanto desde el punto de vista científico como ético. Las técnicas de edición genética, en particular CRISPR-Cas9, han revolucionado el campo de la genética y ofrecen un inmenso potencial para el tratamiento de enfermedades genéticas, la prevención de problemas sanitarios mundiales y el avance de diversos campos como la agricultura y la biología de la conservación. No se pueden ignorar las implicaciones y preocupaciones éticas que rodean a estas técnicas. A medida que nos adentramos en los límites de la ciencia, es crucial navegar cuidadosamente por las implicaciones éticas y sociales de la edición genética para garantizar un futuro que beneficie a toda la humanidad.

MÉTODOS TRADICIONALES DE EDICIÓN GENÉTICA

Han desempeñado un papel crucial en el avance de nuestra comprensión de la genética y han allanado el camino para técnicas más precisas y eficaces como CRISPR. Uno de los primeros métodos de edición de genes se denomina recombinación homóloga, que consiste en introducir una secuencia de ADN modificada en una célula, permitiendo que se integre en el genoma del organismo. Aunque este método ha sido decisivo para estudiar la función de los genes, es extremadamente difícil y requiere mucho tiempo, lo que a menudo da lugar a bajas tasas de éxito. Otra técnica, conocida como nucleasas de dedos de zinc (ZFN), se desarrolló en la década de 1990 y permitió a los científicos cortar y modificar secuencias específicas de ADN. Las ZFN utilizan una proteína llamada dedo de zinc, que puede reconocer y unirse a secuencias específicas de ADN, y una enzima llamada nucleasa, que corta el ADN en el lugar elegido. Aunque los ZFN revolucionaron el campo de la edición genética, siguen estando limitados por su complejo diseño y su elevado coste, lo que los hace inaccesibles para muchos investigadores. Tras los ZFN, se desarrolló otro método de edición genética conocido como nucleasas efectoras similares a activadores de la transcripción (TALEN). Las TALEN son similares a las ZFN, pero utilizan un tipo diferente de proteína, denominada efector similar al activador de la transcripción, para reconocer secuencias específicas de ADN. Al igual que los ZFN, los TALEN adolecen de problemas de complejidad y alto coste, lo que limita su adopción generalizada. A pesar de sus limitaciones, estos métodos tradicionales de edición de genes han sido fundamentales para el avance del campo de la genética y han sentado las bases para la aparición de CRISPR. Los métodos tradicionales de edición de genes han tenido un valor incalculable para la investigación básica, permitiendo a los científicos comprender la función de los genes y su papel en las enfermedades. Por ejemplo, la recombinación homóloga se ha utilizado para estudiar la función de los genes en organismos modelo como los ratones, introduciendo mutaciones genéticas selectivas y observando los cambios fenotípicos resultantes. Esta técnica ha sido fundamental para descubrir los mecanismos subyacentes de numerosos trastornos genéticos y ha proporcionado información sobre posibles estrategias terapéuticas. Del mismo modo, los ZFN y los TALEN han contribuido significativamente a nuestra comprensión de la función génica, al permitir a los científicos manipular genes específicos y observar los efectos resultantes en los procesos celulares. Estos métodos también se han utilizado para desarrollar modelos animales de enfermedades humanas, proporcionando herramientas inestimables para estudiar la patogénesis de diversos trastornos. La complejidad y las limitaciones de los métodos tradicionales de edición de genes han dificultado su aplicación en entornos clínicos e intervenciones terapéuticas. El elevado coste y los conocimientos técnicos necesarios para diseñar y utilizar ZFN y TALEN los han hecho inaccesibles para muchos investigadores y profesionales sanitarios. Estos métodos tienen una precisión limitada, lo que a menudo provoca efectos fuera del objetivo que pueden tener consecuencias perjudiciales. Esta falta de precisión plantea riesgos importantes en las aplicaciones terapéuticas, donde cualquier modificación no intencionada del genoma puede provocar complicaciones imprevistas. La naturaleza lenta de las técnicas tradicionales de edición genética las hace inadecuadas para las modificaciones genéticas a gran escala, que a menudo son necesarias en las intervenciones terapéuticas.

La aparición de CRISPR ha revolucionado el campo de la edición genética, ofreciendo una alternativa más accesible, eficiente y precisa que los métodos tradicionales. CRISPR, es un mecanismo de defensa natural de las bacterias que les permite defenderse de las infecciones víricas. Los científicos han aprovechado este sistema y lo han reconvertido en una potente herramienta de edición de genes. El sistema CRISPR consta de dos componentes principales: un ARN guía (ARNg) y una enzima llamada Cas9. El ARNg está diseñado para reconocer y unirse a secuencias de ADN específicas, guiando a Cas9 hasta el lugar elegido. Una vez en la diana, Cas9 corta el ADN, permitiendo a los investigadores modificar y editar selectivamente el genoma.

La simplicidad y eficacia de CRISPR lo han convertido en un cambio de juego en el campo de la genética. Su facilidad de uso y su bajo coste han democratizado el acceso a la tecnología de edición genética, permitiendo a investigadores de todo el mundo realizar importantes contribuciones en este campo. La precisión de CRISPR y sus escasos efectos fuera del objetivo ofrecen perspectivas prometedoras para aplicaciones terapéuticas, que van desde el tratamiento de trastornos genéticos hasta el desarrollo de nuevas terapias contra el cáncer. Sin duda, CRISPR ha reconfigurado el futuro de la edición genética y ha proporcionado nuevas y emocionantes vías para la exploración científica y las intervenciones médicas.

EXPLICACIÓN DE CRISPR

CRISPR, abreviatura de Repeticiones Palindrómicas Cortas Agrupadas Regularmente Interespaciadas, es una revolucionaria herramienta de edición de genes que ha despertado entusiasmo y fascinación en la comunidad científica. Se trata de un sistema natural de las bacterias que les permite defenderse de los virus reconociendo y destruyendo su ADN. En los últimos años, los científicos han aprovechado este sistema para desarrollar una herramienta potente y precisa para editar genes en diversos organismos, incluidos los humanos. La importancia de CRISPR radica en su capacidad para manipular el código genético con increíble precisión y eficacia, lo que ofrece oportunidades sin precedentes para abordar enfermedades genéticas, mejorar el rendimiento de los cultivos e incluso afrontar retos medioambientales. A diferencia de otras técnicas de edición genética, CRISPR es relativamente sencilla, barata y accesible, lo que la convierte en una opción atractiva para investigadores de distintas disciplinas. La versatilidad de CRISPR ha captado la imaginación de científicos y público por igual, ya que tiene el potencial de remodelar fundamentalmente el futuro de la humanidad. Las posibles ramificaciones e implicaciones éticas de la tecnología CRISPR también plantean cuestiones importantes, ya que abre posibilidades de alterar la línea germinal humana, lo que daría lugar a cambios genéticos hereditarios que podrían transmitirse a las generaciones futuras. A medida que la tecnología CRISPR sigue evolucionando y avanzando, es crucial que la sociedad entable un diálogo reflexivo e integrador para garantizar su uso responsable y ético en la búsqueda de un futuro mejor.

VENTAJAS Y LIMITACIONES DEL CRISPR

La tecnología CRISPR-Cas9, como se ha descrito en los párrafos anteriores, ha surgido como una poderosa herramienta de edición genética, revolucionando el campo de la genética y abriendo nuevas posibilidades para los avances médicos. Una de las principales ventajas de CRISPR reside en su capacidad para dirigirse a genes específicos con notable precisión y exactitud. Esto ha demostrado ser inestimable tanto en la investigación básica como en las aplicaciones terapéuticas.

Ahora los investigadores pueden editar genes de forma controlada y eficaz, lo que no sólo permite comprender mejor la función de los genes, sino que también tiene un gran potencial en el tratamiento de trastornos genéticos. La capacidad de corregir mutaciones causantes de enfermedades es una ventaja especialmente significativa de CRISPR. Al dirigirse a la causa fundamental de una enfermedad, en lugar de limitarse a tratar los síntomas, CRISPR ofrece la posibilidad de desarrollar tratamientos a medida para cada paciente. Con más investigación y desarrollo, CRISPR ha demostrado el potencial de curar trastornos genéticos como la anemia falciforme, la fibrosis quística y la distrofia muscular, que antes se consideraban incurables. Esto abre una nueva era en la medicina, en la que las enfermedades genéticas podrán curarse en lugar de controlarse. CRISPR ha demostrado su potencial en la agricultura al permitir a los científicos modificar los genes de los cultivos, mejorando su valor nutricional, su resistencia a plagas y enfermedades y su tolerancia a las condiciones ambientales. Esto tiene el potencial de mejorar enormemente la seguridad alimentaria mundial, especialmente en regiones propensas a sufrir problemas agrícolas. Mediante la edición selectiva de los genes de las plantas, puede aumentar el rendimiento de los cultivos y disminuir la necesidad de pesticidas químicos, reduciendo los impactos nocivos sobre el medio ambiente.

CRISPR puede ayudar a abordar las preocupaciones relacionadas con los organismos modificados genéticamente (OMG). Gracias a su precisión, CRISPR puede evitar la introducción de ADN extraño en las plantas, permitiendo modificaciones genéticas indistinguibles de las variaciones naturales. Esto puede aliviar algunos de los problemas éticos y normativos asociados a los OMG. Otra ventaja de CRISPR es su facilidad de uso y asequibilidad en comparación con las tecnologías de edición genética anteriores. La sencillez y accesibilidad del sistema CRISPR-Cas9 han democratizado la edición de genes, permitiendo a científicos de todo el mundo utilizar esta herramienta en sus investigaciones. Esto ha acelerado significativamente el progreso en este campo y ha aumentado su potencial para aplicaciones beneficiosas. La adopción generalizada de CRISPR también fomenta la colaboración y el intercambio de conocimientos, ya que la comunidad científica puede basarse en los descubrimientos de los demás y trabajar en pos de objetivos comunes. A pesar de su inmenso potencial, CRISPR también se enfrenta a varias limitaciones y retos que deben abordarse cuidadosamente. Una de las principales preocupaciones son los efectos no deseados, en los que CRISPR puede introducir mutaciones no deseadas en regiones del genoma no seleccionadas. Aunque se han realizado esfuerzos considerables para mejorar la especificidad del sistema CRISPR, aún pueden producirse errores de mutación. Esto plantea importantes problemas de seguridad, sobre todo en el contexto de la terapia génica humana, donde las consecuencias de las modificaciones no deseadas deben evaluarse a fondo y minimizarse. Los efectos a largo plazo y las posibles consecuencias de la edición genética CRISPR aún no se conocen del todo. Manipular el código genético puede tener efectos impredecibles, y el alcance total de estos cambios puede tardar años o incluso generaciones en revelarse. Esto hace necesaria una amplia investigación sobre los riesgos potenciales y las consideraciones éticas asociadas a la aplicación de la tecnología CRISPR antes de que se adopten aplicaciones generalizadas.

El uso de CRISPR en la edición de la línea germinal, que implica modificar el ADN de espermatozoides, óvulos o embriones, plantea profundas cuestiones éticas sobre los peligros potenciales y las implicaciones de alterar la línea germinal humana. Los cambios deliberados en la línea germinal podrían tener implicaciones de gran alcance, que afectarían no sólo a los individuos editados, sino también a las generaciones futuras. En consecuencia, existe una necesidad urgente de una conversación global y de regulaciones para navegar por las complejidades éticas de esta tecnología. CRISPR es una herramienta de edición genética transformadora que tiene el potencial de hacer avanzar la investigación genética y revolucionar diversos campos como la medicina y la agricultura. Sus ventajas, como la selección precisa de genes, su potencial terapéutico y su asequibilidad, la hacen muy prometedora para futuras aplicaciones. Para aprovechar todo el potencial de CRISPR, deben abordarse eficazmente retos como los efectos no deseados, las consecuencias a largo plazo y las consideraciones éticas. En el futuro, el uso responsable e informado de esta tecnología será imprescindible para dar forma a un futuro en el que CRISPR y la genética puedan provocar cambios positivos para la humanidad. En los últimos años, el campo de la genética ha sido testigo de un avance revolucionario conocido como CRISPR. Esta tecnología de edición genética, derivada del sistema inmunitario bacteriano, es muy prometedora para el futuro de la humanidad. Con la capacidad de realizar cambios precisos en nuestro ADN, CRISPR tiene el potencial de curar enfermedades, modificar organismos y, en última instancia, remodelar el mundo tal y como lo conocemos. Las posibilidades parecen ilimitadas, a medida que los científicos profundizan en esta nueva y apasionante frontera. Una de las implicaciones más significativas de CRISPR reside en su potencial para curar trastornos genéticos. Actualmente, muchas enfermedades están causadas por genes defectuosos, y los tratamientos médicos tradicionales sólo abordan los síntomas en lugar de la causa subyacente. Con CRISPR, los científicos pueden imaginar un futuro en el que se erradiquen estos trastornos genéticos. Al editar los genes específicos responsables de estas afecciones, la tecnología CRISPR ofrece la esperanza de un mundo libre de enfermedades como la fibrosis quística, la enfermedad de Huntington e incluso ciertos tipos de cáncer. Esta perspectiva no sólo tiene un inmenso valor para las personas y familias afectadas por trastornos genéticos, sino que también tiene el potencial de aliviar la carga que soportan los sistemas sanitarios de todo el mundo. Otra aplicación intrigante de CRISPR es su capacidad para modificar organismos. Mediante la ingeniería genética, los científicos pueden ahora manipular el ADN de plantas y animales para mejorar los rasgos deseables o reducir los perjudiciales. Esta tecnología presenta oportunidades para un sistema agrícola más sostenible, eficiente y equitativo. Por ejemplo, modificando los cultivos para que sean más resistentes a las plagas o cambiando los genes del ganado para producir carne más magra, podríamos abordar cuestiones de seguridad alimentaria y sostenibilidad medioambiental. CRISPR ofrece esperanzas para los esfuerzos de conservación, ya que los investigadores exploran la posibilidad de revivir especies extinguidas o proteger las amenazadas modificando su composición genética. Como ocurre con cualquier tecnología potente, deben tenerse en cuenta consideraciones éticas para garantizar un uso responsable y reflexivo. Quizá el aspecto más asombroso de CRISPR sea su potencial para remodelar el futuro de la humanidad. Con la capacidad de editar nuestros genes, puede que ya no estemos limitados por las restricciones de la selección natural. En el horizonte aparece el concepto de "bebés de diseño", en los que los padres podrían seleccionar rasgos genéticos específicos para sus hijos, desde el aspecto físico hasta la inteligencia. Esta noción plantea profundas cuestiones éticas, ya que desafía nuestras nociones de identidad, igualdad y el orden natural de la vida. Mientras que algunos argumentan que este tipo de manipulación genética podría conducir a una sociedad dividida según líneas genéticas, otros la ven como una oportunidad para mejorar el bienestar general de la humanidad. El uso responsable de CRISPR en este ámbito requiere una cuidadosa consideración de las implicaciones sociales, éticas y legales. A medida que nos acercamos a los límites de la ciencia, el poder de CRISPR nos llama a explorar su vasto potencial. En una época en la que las enfermedades siguen devastando vidas y los trastornos genéticos plantean retos de enormes proporciones, la tecnología de edición genética aporta la esperanza de un futuro mejor. Al dirigirse con precisión a los genes y modificarlos, CRISPR nos permite combatir las causas profundas de las enfermedades, ofreciendo posibilidades antes inimaginables. La capacidad de modificar organismos abre la puerta a un mundo más sostenible y equitativo. Como con cualquier avance científico, es esencial actuar con cautela. Debemos navegar por las implicaciones éticas de jugar con los componentes básicos de la vida y moderar nuestro entusiasmo con responsabilidad. La genética y CRISPR representan una nueva frontera en la exploración científica con implicaciones de gran alcance para la humanidad. La capacidad de editar nuestro código genético encierra el potencial de curar enfermedades, modificar organismos y remodelar nuestra propia naturaleza. A medida que los científicos y la sociedad se enfrentan al inmenso poder de CRISPR, es crucial considerar las implicaciones éticas y garantizar su uso responsable. Al hacerlo, podremos aprovechar el inmenso poder de esta tecnología innovadora para dar paso a un futuro en el que se erradiquen los trastornos genéticos, se mejore la seguridad alimentaria y se maximice el potencial humano. El viaje al límite de la ciencia continúa, y CRISPR ofrece un tentador atisbo de un futuro limitado únicamente por nuestra imaginación.

IV. APLICACIONES POTENCIALES DE LA EDICIÓN GENÉTICA

Las aplicaciones potenciales de la edición genética son enormes y pueden revolucionar varios campos, como la sanidad, la agricultura y la conservación del medio ambiente. Una de las áreas más prometedoras de la atención sanitaria es el tratamiento de las enfermedades genéticas. Las técnicas de edición genética, como CRISPR, pueden utilizarse para corregir las mutaciones genéticas subyacentes que causan enfermedades como la fibrosis quística, la anemia falciforme y la distrofia muscular. Editando el código genético, los investigadores esperan erradicar estas enfermedades de las generaciones futuras. La edición genética también puede revolucionar el tratamiento del cáncer. Al atacar y modificar los genes causantes del cáncer, los científicos pretenden desarrollar terapias más eficaces y personalizadas que puedan atacar específicamente a las células tumorales sin dañar a las sanas. Otra aplicación prometedora de la edición genética es en el campo de la agricultura. Los métodos tradicionales de mejora genética para desarrollar cultivos con rasgos deseables pueden llevar mucho tiempo y ser imprecisos. Con la edición genética, los científicos pueden introducir cambios específicos en el ADN de los cultivos, lo que da lugar a cultivos más resistentes a las plagas, con un contenido nutricional mejorado y que pueden prosperar en condiciones ambientales duras. Esto puede aumentar la producción de alimentos y resolver problemas como la seguridad alimentaria y la malnutrición en los países en desarrollo.

La edición genética también ofrece posibilidades apasionantes en el campo de la conservación del medio ambiente. Modificando los genes de las especies amenazadas, los científicos pueden aumentar sus posibilidades de supervivencia. Por ejemplo, los investigadores podrían editar los genes de las especies de coral para hacerlas más resistentes al aumento de la temperatura del agua, ayudando a proteger los arrecifes de coral de los efectos perjudiciales del cambio climático. La edición genética podría utilizarse para combatir las especies invasoras modificando sus genes o alterando sus capacidades reproductivas, lo que podría ayudar a restablecer el equilibrio de los ecosistemas y proteger a las especies autóctonas. Los beneficios potenciales de la edición genética no se limitan a la sanidad, la agricultura y la conservación. También tiene el potencial de remodelar la forma en que pensamos sobre la reproducción y la mejora humana. Las técnicas de edición genética como CRISPR pueden permitir la edición de genes en embriones humanos, lo que plantea importantes cuestiones y consideraciones éticas. Aunque puede ser posible eliminar enfermedades genéticas y mejorar ciertos rasgos deseables, como la inteligencia o las capacidades físicas, también suscita preocupación la posibilidad de crear una clase genéticamente privilegiada y la pérdida de diversidad genética. El concepto de "bebés de diseño" es especialmente controvertido, ya que plantea cuestiones sobre los límites de la intervención humana en el proceso natural de reproducción y el potencial de consecuencias no deseadas. A pesar de estas preocupaciones éticas, la edición genética tiene el potencial de mejorar significativamente la vida de las personas con enfermedades y discapacidades genéticas. Al permitir la corrección de mutaciones genéticas, la edición de genes podría ofrecer a las personas la posibilidad de llevar una vida más sana y satisfactoria. También podría proporcionar esperanza a las familias afectadas por enfermedades genéticas, ofreciendo la posibilidad de erradicar estas afecciones de las generaciones futuras.

La edición de genes tiene un inmenso potencial para una amplia gama de aplicaciones en sanidad, agricultura, conservación del medio ambiente y mejora humana. La capacidad de modificar el código genético tiene el poder de revolucionar la forma en que tratamos y prevenimos las enfermedades, aumentar la producción de alimentos, proteger las especies en peligro de extinción y, potencialmente, remodelar el futuro de la reproducción humana. Aunque las posibilidades son apasionantes, es crucial proceder con cautela y considerar las implicaciones éticas y sociales asociadas a la edición genética. Al embarcarnos en esta nueva frontera de la genética, es esencial encontrar un equilibrio entre el progreso científico y el uso responsable, garantizando que se maximizan los beneficios potenciales al tiempo que se minimizan los riesgos y se respetan los diversos valores y perspectivas de la sociedad.

TERAPIA GÉNICA PARA ENFERMEDADES GENÉTICAS

La terapia génica ofrece una solución prometedora para el tratamiento de las enfermedades genéticas. Al dirigirse directamente a los genes defectuosos responsables de un trastorno concreto y modificarlos, este enfoque tiene el potencial de curar enfermedades que antes se consideraban incurables. Un ejemplo notable de éxito de la terapia génica es el tratamiento de la inmunodeficiencia combinada grave (IDCS), también conocida como enfermedad del "niño burbuja". La SCID es un trastorno genético raro que compromete gravemente el sistema inmunitario, dejando a los individuos afectados vulnerables a infecciones graves. En el pasado, el único tratamiento disponible era un trasplante de médula ósea, que conllevaba riesgos significativos y sólo era posible si se encontraba un donante adecuado. Gracias a la terapia génica, ahora se dispone de una opción de tratamiento más segura y eficaz. El defecto genético subyacente en la IDCG es una mutación en el gen IL2RG, que codifica una proteína crítica implicada en el desarrollo del sistema inmunitario. Utilizando un virus modificado como vehículo de administración, los científicos pueden introducir una copia sana del gen IL2RG en las células del paciente. Estas células modificadas pueden entonces producir la proteína funcional, restaurando la capacidad del sistema inmunitario para combatir las infecciones. Este tratamiento innovador se ha utilizado con éxito en ensayos clínicos, lo que ha permitido la recuperación completa de varios pacientes con IDCG. Otro ejemplo es el tratamiento de ciertas formas de ceguera hereditaria. En estos casos, la terapia génica pretende sustituir o complementar los genes defectuosos responsables de la degeneración de las células de la retina. Al introducir una copia funcional del gen defectuoso, los investigadores han podido restaurar la visión en algunos pacientes. Estos avances en la terapia génica representan una nueva era en la medicina, en la que tenemos la capacidad de dirigirnos directamente a la causa genética subyacente de las enfermedades y corregirla. Aunque el potencial de la terapia génica es innegable, aún existen retos importantes que deben abordarse antes de que pueda convertirse en una opción de tratamiento generalizada y accesible. Uno de estos retos es la administración de genes terapéuticos a las células diana. Actualmente, el método de administración más habitual es el uso de virus modificados para transportar el gen terapéutico. Aunque eficaz, este método tiene sus propias limitaciones. Los virus pueden provocar respuestas inmunitarias, lo que puede dar lugar a reacciones adversas en los pacientes. Los vectores virales tienen una capacidad de carga limitada, lo que restringe el tamaño del gen terapéutico que puede liberarse. La selección precisa y eficaz de células o tejidos específicos sigue siendo un reto. Diferentes enfermedades pueden requerir diferentes dianas celulares, por lo que es crucial desarrollar métodos que sean altamente específicos y capaces de administrar el gen terapéutico sólo a las células previstas. A pesar de estos retos, el potencial de la terapia génica para el tratamiento de enfermedades genéticas es innegable. A medida que siga avanzando nuestro conocimiento de la genética y de las tecnologías de edición genética, también lo hará nuestra capacidad para desarrollar terapias génicas más seguras y eficaces. En concreto, el desarrollo de la tecnología CRISPR-Cas9 ha revolucionado el campo de la edición de genes. CRISPR-Cas9 permite a los científicos editar con precisión la secuencia de ADN de los genes, proporcionando una poderosa herramienta para corregir mutaciones genéticas. Mediante el uso de CRISPR-Cas9, los investigadores pueden eliminar, insertar o modificar secciones específicas de ADN con una precisión sin precedentes. Esta tecnología tiene el potencial de transformar el campo de la terapia génica al ofrecer un enfoque más preciso y específico de la edición de genes. A pesar de su inmenso potencial, CRISPR-Cas9 no está exenta de limitaciones. Los efectos no deseados y las mutaciones no intencionadas son algunas de las preocupaciones que deben abordarse cuidadosamente antes de que CRISPR-Cas9 pueda utilizarse con seguridad y eficacia en un entorno clínico. No obstante, la capacidad de editar directamente el código genético es muy prometedora para el tratamiento de enfermedades genéticas. A medida que seguimos explorando el apasionante mundo de la genética y la edición de genes, nos aventuramos hacia nuevas fronteras que tienen el potencial de cambiar no sólo cómo tratamos las enfermedades, sino también cómo percibimos nuestra propia composición genética. Las posibilidades son infinitas, y el futuro de la terapia génica está llamado a moldear el futuro de la humanidad.

ALTERAR LOS CULTIVOS PARA AUMENTAR LA PRODUCTIVIDAD AGRÍCOLA

Otra aplicación fascinante de la tecnología de edición genética es la capacidad de alterar los cultivos para aumentar la productividad agrícola. Como la población mundial sigue creciendo, la demanda de alimentos aumenta constantemente. Los métodos tradicionales de reproducción y mejora de cultivos tienen sus limitaciones. Pueden llevar mucho tiempo, ser imprecisos y no siempre dar los resultados deseados. La edición genética ofrece una solución prometedora a estos retos.

Un área de interés en la mejora de los cultivos es la mejora de su contenido nutricional. Editando los genes responsables de ciertos rasgos nutricionales, los científicos pueden crear cultivos más ricos en vitaminas, minerales y otros nutrientes esenciales. Por ejemplo, los investigadores han utilizado la edición genética para aumentar el contenido de hierro en el arroz, un cultivo básico en muchos países en desarrollo donde la carencia de hierro es frecuente. Introduciendo un gen de una especie de planta diferente, pudieron aumentar significativamente los niveles de hierro en los granos de arroz, lo que podría proporcionar una solución rentable para combatir la desnutrición. Además de mejorar el contenido nutricional, la edición genética también puede utilizarse para mejorar el rendimiento de los cultivos. Los métodos tradicionales de cultivo suelen consistir en cruzar plantas con los rasgos deseados, con la esperanza de que la descendencia herede esos rasgos. Este proceso puede llevar mucho tiempo y ser impredecible. Con la edición genética, los científicos pueden seleccionar y modificar con precisión genes específicos responsables de rasgos como la resistencia a las enfermedades, la tolerancia a la sequía y la resistencia a las plagas. De este modo, pueden crear cultivos más resistentes y productivos, ayudando potencialmente a alimentar a la creciente población mundial.

Un ejemplo notable del potencial de la edición genética en la mejora de los cultivos es el uso de la tecnología CRISPR para desarrollar cultivos resistentes a las enfermedades. Las enfermedades de las plantas son una gran preocupación para los agricultores, ya que pueden causar pérdidas devastadoras en el rendimiento y la calidad de los cultivos. Los métodos tradicionales de control de enfermedades suelen implicar el uso de pesticidas químicos, que pueden ser perjudiciales para el medio ambiente y la salud humana. Mediante el uso de CRISPR, los científicos pueden editar los genes de los cultivos para hacerlos resistentes a enfermedades específicas, eliminando la necesidad de intervenciones químicas. Por ejemplo, los investigadores han utilizado con éxito CRISPR para crear una cepa de trigo resistente al oídio, una enfermedad fúngica común que afecta a los cultivos de trigo en todo el mundo. Este avance no sólo reduce la dependencia de los pesticidas, sino que también garantiza un enfoque de la agricultura más sostenible y respetuoso con el medio ambiente.

La edición genética también puede utilizarse para modificar los cultivos con el fin de mejorar la eficiencia en el uso del agua y los nutrientes. Como la disponibilidad de agua y fertilizantes es cada vez más limitada, es crucial desarrollar cultivos que puedan prosperar en esas condiciones. Mediante la edición genética, los científicos pueden introducir genes que mejoren la absorción de agua y nutrientes, permitiendo que los cultivos crezcan de forma más eficiente con recursos limitados. Esto no sólo reduce el impacto medioambiental de la agricultura, sino que también garantiza la seguridad alimentaria en regiones donde la escasez de agua y nutrientes es un problema acuciante. A pesar de su enorme potencial, la edición genética en la mejora de cultivos plantea problemas éticos y normativos.

La liberación de organismos modificados genéticamente (OMG) en el medio ambiente plantea riesgos que deben considerarse y evaluarse cuidadosamente. También hay que abordar las cuestiones de la propiedad y el control de los cultivos editados genéticamente y su impacto en la biodiversidad. No deben subestimarse las implicaciones éticas de alterar la composición genética de los organismos, y es crucial mantener debates transparentes e integradores para garantizar un uso responsable y ético de la tecnología de edición genética en la agricultura.

La edición genética es muy prometedora para mejorar la productividad agrícola y abordar los retos de la seguridad alimentaria mundial. Modificando con precisión los genes de los cultivos, los científicos pueden desarrollar variedades más nutritivas, resistentes y eficientes. Estas innovaciones tienen el potencial de revolucionar la agricultura y remodelar el futuro de la humanidad. Hay que considerar cuidadosamente los aspectos éticos y normativos de la edición genética para garantizar su uso responsable y sostenible. Al aventurarnos en esta apasionante frontera de la genética, es vital abordarla con cautela y previsión, guiados por los principios de la ética y la sostenibilidad.

INGENIERÍA DE ANIMALES PARA UNA MEJOR PRODUCCIÓN DE CARNE

La ingeniería de animales para una mejor producción de carne es otro campo en el que la edición genética y la tecnología CRISPR tienen el potencial de revolucionar el futuro de la humanidad. El consumo de carne está aumentando rápidamente en todo el mundo, y los métodos tradicionales de agricultura animal no son sostenibles a largo plazo. Modificando genéticamente los animales, los científicos pueden crear razas más resistentes a las enfermedades, con mayor rendimiento cárnico y que requieran menos alimentos y agua. Esto podría reducir significativamente el impacto medioambiental de la producción de carne y proporcionar una solución más eficaz y respetuosa con el medio ambiente para satisfacer la creciente demanda de productos animales. Un ejemplo de cómo puede utilizarse la edición genética en la agricultura animal es el desarrollo de ganado resistente a las enfermedades. Actualmente, los ganaderos se enfrentan a importantes pérdidas debidas a enfermedades como la fiebre aftosa, la peste porcina africana y la gripe aviar. Estas enfermedades no sólo suponen una amenaza para la salud animal, sino que también tienen el potencial de propagarse a los seres humanos, lo que tiene importantes consecuencias económicas y para la salud pública. Mediante técnicas de edición genética, los científicos pueden introducir en las razas de ganado genes específicos que confieren resistencia a estas enfermedades. Este enfoque ha demostrado su eficacia en la creación de cerdos resistentes a la peste porcina africana, lo que ofrece esperanzas para el futuro de la porcicultura y la seguridad alimentaria. Además de la resistencia a las enfermedades, la edición genética también puede utilizarse para mejorar el rendimiento cárnico del ganado. Los métodos tradicionales de cría requieren mucho tiempo y a menudo provocan la pérdida de rasgos deseables durante el proceso de selección. En cambio, la edición genética permite modificar con precisión genes específicos, garantizando que se conserven los rasgos deseados. Por ejemplo, los científicos han utilizado con éxito CRISPR para crear vacas lecheras sin cuernos, eliminando la necesidad de dolorosos procedimientos de descornado y manteniendo al mismo tiempo una elevada producción de leche. Esto no sólo mejora el bienestar animal, sino que también reduce el riesgo de lesiones a los ganaderos y a otros animales. La edición genética también puede utilizarse para mejorar la eficiencia alimentaria del ganado. La producción ganadera es intensiva en recursos, ya que requiere grandes cantidades de pienso y agua. Modificando genéticamente a los animales para que sean más eficientes en la conversión del pienso en carne, podemos reducir el impacto medioambiental de la producción de carne. Por ejemplo, los científicos han editado con éxito el gen FGF21 en cerdos, dando lugar a animales que necesitan un 25% menos de alimento para producir la misma cantidad de carne. Esto no sólo reduce la demanda de alimento, sino que también disminuye la producción de residuos y las emisiones de gases de efecto invernadero asociadas a la ganadería.

El uso de la edición genética en la agricultura animal también plantea problemas éticos. Los críticos sostienen que estas tecnologías podrían utilizarse para crear animales que experimenten un mayor sufrimiento o tengan un bienestar comprometido. Existe la posibilidad de que se produzcan consecuencias no deseadas, ya que la edición genética podría introducir inadvertidamente nuevas enfermedades o alterar los ecosistemas. Es esencial considerar detenidamente la ética y los riesgos potenciales asociados a estas tecnologías antes de aplicarlas a gran escala. La edición genética y la tecnología CRISPR ofrecen posibilidades apasionantes para la ingeniería de animales con el fin de mejorar la producción de carne. Al crear ganado resistente a las enfermedades, aumentar el rendimiento de la carne y mejorar la eficiencia alimentaria, podemos abordar muchos de los retos a los que se enfrenta actualmente la agricultura animal. Es crucial abordar estas tecnologías con cautela y considerar las implicaciones éticas y los riesgos potenciales asociados a su uso. Mientras seguimos ampliando los límites de la genética y explorando las nuevas fronteras de la ciencia, es esencial encontrar un equilibrio entre el avance tecnológico y el bienestar de los animales y el medio ambiente. El futuro de la producción de carne está en manos de los científicos, los responsables políticos y la sociedad en su conjunto, que deben trabajar juntos para garantizar que estas tecnologías se utilicen de forma responsable en beneficio de la humanidad y el planeta.

La edición de genes, en particular mediante la revolucionaria herramienta CRISPR, ha surgido como uno de los campos más prometedores de la genética, ofreciendo el potencial de revolucionar numerosos aspectos de nuestras vidas. Esta innovadora tecnología permite modificar con precisión el ADN de un organismo, lo que se traduce en la capacidad de curar enfermedades, alterar rasgos e incluso editar la línea germinal. Las posibilidades que ofrece CRISPR no tienen precedentes, y encierran la clave para resolver algunos de los retos más abrumadores de la humanidad. Aprovechando el poder de la edición genética, tenemos el potencial de curar enfermedades genéticas que antes se consideraban intratables, como la fibrosis quística y la anemia falciforme. CRISPR ya ha demostrado un éxito notable en laboratorio, con experimentos que corrigen con éxito mutaciones genéticas en organismos vivos. Estos avances ofrecen esperanza a millones de personas y familias afectadas por trastornos genéticos, brindándoles la posibilidad de un futuro libre de las limitaciones impuestas por estas afecciones. Más allá de la prevención y el tratamiento de enfermedades, la edición genética tiene el potencial de remodelar nuestro medio ambiente y mejorar el sector agrícola. Al modificar el ADN de los cultivos y el ganado, los científicos que utilizan CRISPR pueden crear organismos más resistentes a las enfermedades, las plagas y las condiciones ambientales adversas. Esto tiene enormes implicaciones para la seguridad alimentaria, ya que permite el desarrollo de cultivos que pueden prosperar en regiones áridas o soportar temperaturas extremas. La edición genética puede conducir a una reducción de la necesidad de pesticidas y herbicidas nocivos, lo que beneficia tanto al medio ambiente como a la salud humana. Utilizando CRISPR para mejorar las cualidades deseables de los cultivos, como el rendimiento, el sabor y el contenido nutricional, podemos crear un futuro en el que se reduzca significativamente el hambre en el mundo y mejore la nutrición para todos.

Quizá el aspecto ética y moralmente más complejo de la edición genética radique en su potencial para editar la línea germinal, alterando así la composición genética de las generaciones futuras. Esta nueva frontera plantea numerosas cuestiones éticas, ya que desafía nuestras nociones de lo que es natural y lo que constituye un límite aceptable en la alteración del ADN humano. Aunque la perspectiva de eliminar las enfermedades genéticas hereditarias de las generaciones futuras es sin duda tentadora, también suscita preocupación por la posibilidad de crear bebés de diseño o de exacerbar las desigualdades sociales existentes. Estas consideraciones éticas deben evaluarse y abordarse cuidadosamente para una aplicación responsable y equitativa de las tecnologías de edición genética. Los avances en la edición genética también ofrecen posibilidades apasionantes para combatir algunos de los problemas sanitarios mundiales más acuciantes. CRISPR tiene el potencial de erradicar enfermedades transmitidas por mosquitos, como la malaria y el dengue, modificando los genes de estos insectos portadores de enfermedades. Creando mosquitos modificados genéticamente que no puedan transmitir estas enfermedades, podríamos eliminar el devastador impacto que tienen en las poblaciones humanas, sobre todo en los países en desarrollo. La edición genética podría allanar el camino para el desarrollo de tratamientos personalizados contra el cáncer, dirigiéndose a mutaciones genéticas específicas presentes en las células cancerosas de un individuo. La capacidad de adaptar el tratamiento al perfil genético de un individuo promete terapias más eficaces y precisas, mejorando los resultados de los pacientes y reduciendo los efectos secundarios asociados a los tratamientos tradicionales de quimioterapia y radioterapia. Es importante reconocer que el poder sin precedentes de la edición genética conlleva la responsabilidad de una supervisión ética y reguladora. El posible mal uso o abuso de estas tecnologías es una preocupación que debe abordarse para garantizar que los beneficios de la edición genética se compartan de forma equitativa y responsable. Es crucial que estos avances se rijan por directrices científicas y éticas rigurosas, con debates transparentes en los que participen las partes interesadas de diversos campos, como la ciencia, la medicina, la ética y la política. La edición genética, en particular mediante la revolucionaria herramienta CRISPR, tiene un inmenso potencial para remodelar el futuro de la humanidad. Esta tecnología revolucionaria ofrece la posibilidad de curar enfermedades, mejorar la productividad agrícola, combatir los problemas sanitarios mundiales y alterar la composición genética de las generaciones futuras. Es vital que se consideren cuidadosamente las implicaciones éticas de estos avances y que se establezcan marcos reguladores para garantizar un uso responsable y equitativo. A medida que nos adentramos en las apasionantes fronteras de la genética y la edición genética, es crucial dirigir el desarrollo y la aplicación de estas tecnologías hacia la mejora de la sociedad, en beneficio de toda la humanidad.

V. ÉTICA Y PREOCUPACIONES EN TORNO A LA EDICIÓN GENÉTICA

Aunque los beneficios potenciales de la edición genética son innegablemente fascinantes, también existen importantes preocupaciones éticas y sociales que deben tenerse en cuenta. Ante todo, está la cuestión del consentimiento. Con la capacidad de manipular el código genético de un individuo, surgen cuestiones relativas a la autonomía y la agencia de la persona cuyo genoma se está editando. ¿Deberían los padres tener autoridad para editar el ADN de sus hijos para prevenir enfermedades debilitantes o mejorar rasgos deseables? ¿O infringe esto el derecho del niño a tomar decisiones sobre su propia composición genética cuando alcance la mayoría de edad? El concepto de edición de la línea germinal plantea preguntas sobre las implicaciones para las generaciones futuras. Al editar el código genético de un embrión o de espermatozoides/huevos, los cambios realizados se transmitirían a todas las generaciones posteriores, creando una alteración permanente en el acervo genético humano. Esto suscita preocupación por las consecuencias imprevistas y la posibilidad de que se produzcan efectos nocivos no deseados en poblaciones futuras. Más allá de las cuestiones del consentimiento y la edición de la línea germinal, también existen temores de uso indebido y abuso de la tecnología de edición genética. Como ocurre con cualquier herramienta potente, existe el riesgo de que la edición genética se utilice de forma poco ética o incluso perjudicial. La posibilidad de crear "bebés de diseño" con mayor inteligencia, capacidad atlética u otros rasgos deseables plantea la preocupación de exacerbar las desigualdades existentes y crear una sociedad de ricos y pobres genéticos. Existe la posibilidad de que se produzcan consecuencias no deseadas y de que no se comprenda todo el alcance de las interacciones genéticas. Modificar un gen podría provocar inadvertidamente efectos negativos en otros aspectos de la biología de un individuo, causando problemas de salud imprevistos. Otra preocupación ética importante en torno a la edición genética es el potencial eugenésico y la erosión de la diversidad. Con la capacidad de elegir y manipular rasgos deseables, existe el riesgo de que determinadas características se consideren superiores y otras se estigmaticen o eliminen por completo. Esto tiene claros paralelismos con las prácticas eugenésicas del pasado que pretendían mejorar la población humana mediante la cría selectiva, y plantea cuestiones sobre la preservación de la diversidad en todas sus formas. La diversidad genética es esencial para la resistencia y adaptabilidad de una población, y al reducir la gama de rasgos genéticos, podemos limitar involuntariamente nuestra capacidad de responder a nuevos retos y amenazas. La idea de "jugar a ser Dios" y la arrogancia que conlleva tal manipulación de los componentes fundamentales de la vida plantea cuestiones filosóficas y morales que no pueden pasarse por alto fácilmente. Además de las preocupaciones éticas, también existen retos prácticos y normativos que deben abordarse antes de que el uso generalizado de la edición genética pueda hacerse realidad. La propia tecnología es todavía relativamente nueva y aún no se conoce del todo, por lo que sigue habiendo muchos riesgos potenciales e incertidumbres. Garantizar la seguridad, la eficacia y la accesibilidad de los tratamientos de edición genética exigirá una normativa estricta y una supervisión cuidadosa. El coste y la asequibilidad de las terapias de edición genética pueden contribuir a las disparidades en el acceso a la asistencia sanitaria, exacerbando aún más las desigualdades sociales existentes. Equilibrar los beneficios potenciales de la edición genética con estas preocupaciones éticas, prácticas y normativas requerirá un diálogo sólido y abierto entre científicos, responsables políticos, expertos en ética y el público en general. La edición genética es muy prometedora para el futuro de la medicina, la agricultura y nuestra comprensión de la vida misma. Las implicaciones éticas y sociales deben considerarse y abordarse cuidadosamente. Cuestiones como el consentimiento, la edición de la línea germinal, el uso indebido, la eugenesia, la diversidad y los retos prácticos desempeñan un papel en la configuración del futuro panorama de la edición genética. Al aventurarnos en esta nueva frontera de la genética, es imperativo que abordemos la edición genética con cautela, amplitud de miras y el compromiso de garantizar el uso responsable y ético de esta poderosa herramienta. Sólo mediante una consideración cuidadosa y una toma de decisiones meditada podremos aprovechar el potencial de la edición genética para la mejora de la humanidad, minimizando al mismo tiempo los riesgos y escollos que puede acarrear un uso desenfrenado.

IMPLICACIONES ÉTICAS DE LA EDICIÓN GENÉTICA

La edición genética, especialmente con la llegada de la tecnología CRISPR-Cas9, ha abierto una nueva frontera en el campo de la genética. El potencial para curar enfermedades genéticas, cambiar la composición genética de los organismos y dar forma al futuro de la humanidad es a la vez emocionante y desalentador. Las implicaciones éticas de la edición genética no pueden ignorarse. La edición genética plantea cuestiones importantes sobre los límites de la intervención científica, el potencial de consecuencias no deseadas y la posibilidad de crear una división entre los genéticamente mejorados y los no mejorados.

Una de las principales preocupaciones éticas en torno a la edición genética es el argumento de la pendiente resbaladiza. Los críticos sostienen que una vez que empecemos a manipular el código genético, será cada vez más difícil determinar dónde deben estar los límites. Aunque la edición genética pueda utilizarse inicialmente para tratar enfermedades genéticas, existe el riesgo de que se lleve al extremo, dando lugar a la creación de "bebés de diseño" con rasgos mejorados, como la inteligencia o las capacidades físicas. Esto plantea cuestiones sobre la equidad y la igualdad, ya que quienes pueden permitirse los procedimientos de edición genética tendrían ventaja sobre quienes no pueden. También pone en tela de juicio el valor que concedemos a la diversidad natural y el potencial de pérdida de individualidad y singularidad. Otra preocupación ética es la posibilidad de que se produzcan consecuencias no deseadas. Los genes están interconectados y tienen interacciones complejas, por lo que alterar un solo gen podría tener efectos imprevistos en otros aspectos de la fisiología o el comportamiento de un organismo. AunqueCRISPR-Cas9 es relativamente preciso, sigue habiendo un margen de error. Un pequeño error podría conducir a resultados desastrosos, como la creación de nuevas enfermedades o la alteración de ecosistemas. Los efectos a largo plazo de la edición genética se desconocen en gran medida, por lo que es difícil evaluar plenamente los riesgos y beneficios. Esto plantea la cuestión de si debemos proceder a la edición genética sin comprender plenamente las posibles consecuencias. La edición genética puede crear una división entre los genéticamente mejorados y los no mejorados. Si la edición genética se generaliza, podría dar lugar a una sociedad en la que algunos individuos fueran genéticamente superiores a otros. Esto podría dar lugar a más desigualdades y discriminación basadas en rasgos genéticos. También existe la posibilidad de que se produzca una pérdida de diversidad y una homogeneización de los rasgos, a medida que los individuos opten por las mismas características deseables. Esto plantea cuestiones sobre el valor de la diferencia y la posibilidad de una pérdida de aceptación e inclusividad. Las cuestiones del consentimiento informado y la autonomía surgen en el contexto de la edición genética. ¿Deben tener los padres derecho a alterar la composición genética de sus hijos incluso antes de que nazcan? ¿Tiene la sociedad derecho a dictar qué rasgos son deseables o aceptables? Se trata de cuestiones complejas que requieren una cuidadosa consideración. Existe el dilema de cómo regular y hacer cumplir las directrices y restricciones en torno a la edición genética. Alcanzar un equilibrio entre la promoción del progreso científico y la protección frente a los daños potenciales y los escollos éticos de la edición genética es una tarea difícil. La edición genética encierra un inmenso potencial para el futuro de la medicina y el desarrollo humano. Las implicaciones éticas no pueden pasarse por alto. El argumento de la pendiente resbaladiza, el potencial de consecuencias no deseadas, la división entre los genéticamente mejorados y los no mejorados, las cuestiones del consentimiento informado y la autonomía, y los retos de la regulación y la aplicación, ponen de relieve la necesidad de un debate cuidadoso y reflexivo sobre las implicaciones éticas de la edición genética. Mientras navegamos por las nuevas fronteras de la genética, es crucial considerar los valores, principios y posibles consecuencias en juego para garantizar que estas tecnologías innovadoras se utilicen de forma que respeten la autonomía individual, promuevan la equidad y la inclusión, y protejan contra daños no deseados. Sólo mediante este riguroso examen ético podremos aprovechar realmente el potencial de la edición genética para el mayor bien de la humanidad.

PREOCUPACIÓN POR LAS CONSECUENCIAS IMPREVISTAS

Aunque el campo de la genética y el desarrollo de la tecnología CRISPR ofrecen un inmenso potencial para el avance de la humanidad, también existen preocupaciones sobre las consecuencias no deseadas que deben considerarse cuidadosamente. Una de las principales preocupaciones en torno a la edición de genes es la posibilidad de que se produzcan efectos no deseados, es decir, cambios no intencionados en el genoma de un organismo. La tecnología CRISPR se basa en el uso de moléculas de ARN para guiar una proteína a una ubicación específica dentro del genoma, donde puede realizar ediciones precisas. Sigue existiendo el riesgo de que la molécula de ARN se una a una ubicación no deseada, provocando cambios no intencionados que podrían tener efectos perjudiciales para la salud y el desarrollo del organismo. Otra preocupación es el potencial de edición de la línea germinal, que implica realizar cambios en el material genético que pueden transmitirse a las generaciones futuras. Aunque esto puede ofrecer la posibilidad de erradicar ciertas enfermedades genéticas, también plantea cuestiones éticas sobre la alteración de la línea germinal humana. Las consecuencias a largo plazo de estos cambios aún se desconocen en gran medida, y es necesario considerar detenidamente las implicaciones antes de proceder a la edición de la línea germinal. El uso generalizado de la tecnología de edición genética también suscita preocupaciones sobre la equidad y el acceso. El desarrollo y la aplicación de la tecnología CRISPR requiere recursos considerables, incluidos laboratorios de última generación, científicos cualificados e inversiones financieras significativas. Esto crea una división potencial entre los que tienen los medios para utilizar esta tecnología en su propio beneficio y los que no pueden acceder a ella o permitírsela. Si la edición genética llega a estar disponible principalmente para los ricos y privilegiados, podría exacerbar las desigualdades existentes y marginar aún más a las poblaciones vulnerables. El posible uso indebido de esta tecnología es una preocupación importante. CRISPR puede utilizarse para fines distintos de la curación de enfermedades o la mejora de la salud. Por ejemplo, podría utilizarse con fines cosméticos, como mejorar el aspecto físico o alterar rasgos por razones no médicas. Esto plantea cuestiones éticas sobre los límites de la manipulación genética y la posibilidad de crear una división artificial entre los que pueden permitirse esas mejoras y los que no.

Existe el riesgo de discriminación genética, ya que las personas que no se han sometido a la edición genética pueden sufrir discriminación por su composición genética. Las implicaciones de la edición genética van más allá de las aplicaciones humanas y suscitan preocupación en relación con el medio ambiente y la biodiversidad. La alteración de los genes de los organismos puede tener consecuencias ecológicas no deseadas. Por ejemplo, la edición genética en los cultivos podría tener efectos no deseados en los ecosistemas circundantes, afectando a los polinizadores, a la biodiversidad y causando potencialmente daños de formas inesperadas. Una consideración y regulación cuidadosas son esenciales para garantizar que la edición genética se utiliza de forma responsable y no tiene efectos perjudiciales para nuestro medio ambiente. Aunque el campo de la genética y la tecnología CRISPR presentan posibilidades apasionantes para mejorar la salud humana y dar forma al futuro de la humanidad, también conllevan preocupaciones sobre consecuencias imprevistas. Es crucial abordar estas preocupaciones mediante una mayor investigación, una regulación cuidadosa y consideraciones éticas. De este modo, podemos garantizar que se maximizan los beneficios potenciales de la edición genética, al tiempo que se minimiza cualquier posible daño o impacto negativo. El uso de la tecnología CRISPR debe guiarse por los principios de seguridad, equidad y respeto de los límites de la manipulación genética, teniendo en cuenta al mismo tiempo las implicaciones más amplias sobre nuestro medio ambiente y las generaciones futuras. Sólo adoptando un enfoque reflexivo y equilibrado podremos aprovechar verdaderamente el potencial de la edición genética para enriquecer la vida humana sin comprometer nuestro bienestar colectivo.

REGULACIÓN Y SUPERVISIÓN EN EL ÁMBITO DE LA EDICIÓN GENÉTICA

A medida que el campo de la edición genética sigue floreciendo, resulta cada vez más importante establecer normativas sólidas y mecanismos de supervisión que garanticen su aplicación responsable y ética. El potencial de las tecnologías de edición genética, como CRISPR, para curar enfermedades y alterar organismos es inmenso, pero también suscita preocupación por las consecuencias imprevistas y los dilemas éticos que puedan surgir. Es crucial encontrar un equilibrio entre el fomento de la innovación y la garantía de la seguridad y el bienestar de las personas y las comunidades. Un área que requiere una regulación cuidadosa es el uso de la edición genética en embriones humanos. Aunque esta tecnología es muy prometedora para prevenir enfermedades genéticas y mejorar la salud de las generaciones futuras, también plantea importantes cuestiones éticas. Por ejemplo, existe el riesgo de efectos no deseados y la posibilidad de realizar cambios permanentes en la línea germinal, que se transmitirían a las generaciones futuras. El potencial de los bebés de diseño, en los que los padres pueden seleccionar rasgos deseables para sus hijos, suscita preocupación por la desigualdad y la mercantilización de la vida humana. Deben establecerse normas y una supervisión estrictas que regulen el uso de la edición genética en embriones humanos para garantizar que sólo se hace con fines médicamente necesarios y con el máximo respeto por la dignidad humana. Además de los embriones humanos, el uso de la edición genética en organismos no humanos también exige marcos reguladores. La modificación de organismos no humanos, como plantas y animales, mediante CRISPR tiene el potencial de aumentar el rendimiento de las cosechas, desarrollar animales resistentes a las enfermedades y restaurar especies en peligro de extinción. Preocupan los efectos medioambientales no deseados y la posibilidad de que los organismos modificados genéticamente escapen a la naturaleza. Para mitigar estos riesgos, deben establecerse normas estrictas que garanticen que la edición genética en organismos no humanos se lleva a cabo de forma controlada y responsable. Esto incluye evaluaciones rigurosas de los riesgos, estudios del impacto medioambiental y un seguimiento cuidadoso de cualquier organismo modificado genéticamente que se libere. La comercialización de las tecnologías de edición genética requiere marcos reguladores sólidos. El mercado de las herramientas y terapias de edición genética está creciendo rápidamente, con numerosas empresas e instituciones de investigación que compiten por el dominio. Esta carrera hacia el mercado suscita preocupación sobre la seguridad y eficacia de los productos de edición genética. Ya ha habido casos en los que terapias génicas no reguladas y no probadas han causado daños a pacientes. Para proteger a las personas y garantizar la integridad de este campo, las agencias reguladoras deben establecer directrices claras para el desarrollo, las pruebas y la aprobación de los productos de edición genética. Esto incluye ensayos clínicos rigurosos, supervisión independiente e información transparente de los resultados. Es crucial encontrar un equilibrio entre el fomento de la innovación y la garantía de la seguridad y eficacia de las terapias de edición genética. La naturaleza global de la edición genética requiere cooperación y colaboración internacionales en materia de regulación y supervisión. La comunidad científica, los organismos reguladores y los responsables políticos de los distintos países deben colaborar para elaborar normas y directrices armonizadas. Esto ayudará a evitar prácticas poco éticas, como el turismo de edición genética, en el que las personas viajan a países con normativas laxas para acceder a procedimientos de edición genética que no están permitidos en su país de origen. Al establecer un marco mundial para la edición genética, podemos garantizar que se respetan las prácticas éticas y responsables más allá de las fronteras. A medida que avanza el campo de la edición genética, es esencial establecer normativas sólidas y mecanismos de supervisión que guíen su aplicación responsable y ética. Se necesitan normativas estrictas para el uso de la edición genética en embriones humanos, a fin de evitar dilemas éticos y prácticas inseguras. Se necesitan normativas similares para la edición genética en organismos no humanos con el fin de mitigar los riesgos medioambientales. La comercialización de la edición genética requiere directrices claras para garantizar la seguridad y eficacia de los productos de edición genética. La colaboración internacional es crucial para desarrollar normas armonizadas y evitar prácticas poco éticas. Al encontrar un equilibrio entre el fomento de la innovación y la garantía de la seguridad y el bienestar de las personas y las comunidades, podemos navegar por las apasionantes fronteras de la genética y la edición genética de forma responsable y ética.

La edición de genes, especialmente mediante el uso de la tecnología CRISPR, encierra un inmenso potencial para revolucionar diversos aspectos del futuro de la humanidad. La capacidad de modificar genes tiene implicaciones de gran alcance en términos de curación de enfermedades, alteración de organismos y, en última instancia, remodelación del tejido mismo de la sociedad. En primer lugar, la edición de genes tiene la capacidad de eliminar trastornos genéticos que han asolado a los humanos durante generaciones. Enfermedades como la fibrosis quística, la anemia falciforme y la enfermedad de Huntington, que han desafiado durante mucho tiempo a los profesionales médicos, pronto podrían ser tratables o incluso curables mediante CRISPR. Mediante la edición precisa de genes específicos responsables de estas afecciones, puede ser posible corregir las secuencias genéticas problemáticas, ofreciendo esperanza a los millones de personas que padecen estas enfermedades. Esta tecnología tiene el potencial de erradicar por completo los trastornos hereditarios, permitiendo que las generaciones futuras se libren de la carga de las enfermedades genéticas. Además de las ramificaciones médicas, la edición genética tiene la capacidad de alterar los organismos de formas que antes sólo se soñaban. Por ejemplo, la tecnología CRISPR presenta la oportunidad de mejorar el valor nutricional de los cultivos, garantizando la seguridad alimentaria de una población mundial en crecimiento. Mediante modificaciones genéticas, los científicos podrían desarrollar cultivos más resistentes a las duras condiciones climáticas, las plagas y las enfermedades, lo que se traduciría en un mayor rendimiento de las cosechas y una menor dependencia de los pesticidas y fertilizantes químicos. Esto no sólo aborda el acuciante problema de la escasez de alimentos, sino que también tiene el potencial de mitigar el impacto medioambiental de la agricultura, beneficiando tanto al bienestar humano como al planeta en su conjunto. La edición genética podría utilizarse para diseñar ganado con rasgos deseables, como la resistencia a las enfermedades o la mejora de la calidad de la carne, aumentando así el bienestar animal y la productividad agrícola. El futuro de la humanidad podría moldearse fundamentalmente por el potencial de la edición genética para influir en los rasgos humanos. Aunque la noción de "bebés de diseño" plantea problemas éticos, la capacidad de seleccionar los rasgos deseados tiene un atractivo innegable. Las intervenciones genéticas podrían mejorar potencialmente la inteligencia, los atributos físicos e incluso la creatividad, planteando cuestiones sobre la ética de manipular la lotería genética natural. Aunque las implicaciones morales son complejas, no puede ignorarse el potencial de dar a las generaciones futuras una ventaja en la vida. No obstante, hay que actuar con cautela para evitar cualquier posible abuso de esta tecnología, garantizando que se utilice para mejorar la sociedad en su conjunto en lugar de exacerbar las desigualdades. Más allá del ámbito de los organismos biológicos, la edición genética tiene el potencial de remodelar el futuro de la propia medicina. CRISPR puede utilizarse para atacar y alterar genes específicos dentro de los virus, abriendo nuevas vías para el tratamiento de las infecciones víricas. Modificando el material genético de los virus, puede ser posible crear vacunas más eficaces para prevenir enfermedades infecciosas que históricamente han supuesto amenazas importantes para la humanidad, como la gripe. Las terapias basadas en CRISPR pueden ser prometedoras para combatir la resistencia a los antibióticos, una crisis mundial cada vez mayor. Editando con precisión los genes responsables de la resistencia a los fármacos, los científicos podrían hacer que infecciones bacterianas antes intratables volvieran a ser vulnerables a los antibióticos existentes. La edición genética, especialmente mediante el uso de la tecnología CRISPR, ofrece oportunidades apasionantes para hacer avanzar el futuro de la humanidad. Desde la curación de enfermedades genéticas hasta la mejora de la productividad de los cultivos, la edición genética tiene el potencial de transformar diversas facetas de nuestras vidas. Debemos proceder con cautela para navegar por las cuestiones éticas y morales que surgen de esta tecnología innovadora. Si actuamos con cautela y tenemos en cuenta las implicaciones a largo plazo, podemos aprovechar el poder de la edición genética para dar forma a un futuro que mejore la vida de las personas y beneficie a la sociedad en su conjunto. El viaje al límite de la ciencia nunca ha sido tan emocionante, y el potencial que encierra la edición genética tiene la capacidad de abrir nuevas fronteras para la mejora de la humanidad.

VI. TRATAMIENTO Y PREVENCIÓN DE ENFERMEDADES

Además de revolucionar la agricultura y la bioingeniería, las tecnologías de edición de genes como CRISPR tienen el potencial de transformar el campo de la medicina proporcionando enfoques innovadores para el tratamiento y la prevención de enfermedades. Un ámbito en el que estos avances son especialmente prometedores es el de los trastornos genéticos. En el pasado, los pacientes que sufrían enfermedades genéticas tenían opciones de tratamiento limitadas, y a menudo dependían de cuidados paliativos para controlar los síntomas. Con la llegada de CRISPR, los investigadores tienen ahora la capacidad de atacar y modificar directamente las mutaciones genéticas subyacentes responsables de estos trastornos. Mediante el uso de CRISPR para editar los genes defectuosos, se hace posible curar potencialmente estas enfermedades en su raíz. Este enfoque innovador ya ha demostrado un enorme potencial en estudios preclínicos, en los que los investigadores han utilizado con éxito CRISPR para corregir mutaciones genéticas en células y modelos animales de enfermedades como la anemia falciforme, la fibrosis quística y la distrofia muscular de Duchenne. Las técnicas de edición genética basadas en CRISPR tienen el potencial de mejorar la eficacia de las terapias farmacológicas tradicionales. Uno de los retos del desarrollo de fármacos es garantizar que los medicamentos alcancen los objetivos previstos en el organismo sin causar daños a las células sanas. Las tecnologías de edición genética, incluida

CRISPR, ofrecen una posible solución a este problema. Al introducir los genes terapéuticos directamente en las células del propio paciente mediante CRISPR, los investigadores pueden prescindir por completo de los métodos tradicionales de administración de fármacos. Este enfoque dirigido permite administrar concentraciones más altas de agentes terapéuticos con precisión a las células enfermas, lo que aumenta eficazmente la eficacia del tratamiento al tiempo que minimiza los efectos secundarios. El CRISPR puede utilizarse para modificar las propias células del paciente y hacerlas más receptivas a medicamentos específicos, mejorando la respuesta general a las terapias farmacológicas. En el ámbito de las enfermedades infecciosas, CRISPR tiene el potencial de revolucionar las estrategias de prevención de enfermedades. Los enfoques tradicionales para combatir las enfermedades infecciosas suelen implicar el desarrollo de vacunas o el uso de antibióticos. Estos métodos son a veces inadecuados debido a la capacidad de los patógenos para evolucionar y desarrollar resistencia. CRISPR ofrece un nuevo enfoque para combatir las enfermedades infecciosas al permitir a los investigadores interferir directamente en el material genético de los patógenos. Al dirigirse a genes específicos del genoma del patógeno y editarlos, CRISPR puede alterar procesos biológicos esenciales o hacer que el patógeno sea incapaz de eludir el sistema inmunitario. Esta tecnología ya ha demostrado ser prometedora en la lucha contra infecciones como el virus de la inmunodeficiencia humana (VIH), la malaria y las cepas de bacterias resistentes a los antibióticos. CRISPR puede desempeñar un papel crucial en la vigilancia y detección precoz de enfermedades. Uno de los retos en el campo de la medicina diagnóstica es la identificación rápida de patógenos para iniciar el tratamiento adecuado. Los métodos actuales suelen requerir pruebas y análisis de laboratorio que llevan mucho tiempo. Las herramientas de diagnóstico basadas en CRISPR, conocidas como ensayos de detección basados en CRISPR, ofrecen un medio rápido y específico de detectar e identificar agentes causantes de enfermedades. Estos ensayos funcionan aprovechando la capacidad del sistema CRISPR para unirse y escindir secuencias diana específicas de ADN o ARN. Este enfoque dirigido permite la rápida identificación de patógenos específicos o marcadores genéticos asociados a enfermedades. Estas novedosas herramientas de diagnóstico tienen el potencial de mejorar significativamente los esfuerzos de vigilancia de enfermedades, permitiendo a los profesionales sanitarios identificar brotes y responder rápidamente a las enfermedades infecciosas emergentes. Los avances en las tecnologías de edición genética, como CRISPR, tienen un inmenso potencial para transformar las estrategias de tratamiento y prevención de enfermedades. Desde la curación de trastornos genéticos y la mejora de las terapias farmacológicas tradicionales hasta la revolución de la prevención y el diagnóstico de enfermedades infecciosas, CRISPR ofrece una nueva frontera en la medicina. A medida que los investigadores sigan explorando y perfeccionando las capacidades de estas tecnologías revolucionarias, el futuro de la humanidad promete mejores resultados sanitarios y una nueva era en la lucha contra las enfermedades. El apasionante viaje al límite de la ciencia no ha hecho más que empezar, y las implicaciones para la humanidad son vastas y profundas.

EL POTENCIAL DEL CRISPR PARA CURAR ENFERMEDADES GENÉTICAS

CRISPR, ha surgido como una herramienta revolucionaria en el campo de la genética. Esta tecnología revolucionaria, unida a la recién descubierta capacidad de editar genes, encierra un inmenso potencial para encontrar curas para las enfermedades genéticas. CRISPR permite a los científicos cortar y modificar con precisión cadenas de ADN, proporcionando una forma de corregir las mutaciones genéticas responsables de enfermedades como la fibrosis quística, la anemia falciforme y la enfermedad de Huntington. Al dirigirse a los genes específicos causantes de estas dolencias, CRISPR ofrece la esperanza de aliviar permanentemente el sufrimiento de millones de individuos en todo el mundo. Una de las áreas más prometedoras en las que CRISPR ha demostrado su potencial es en el tratamiento de la anemia falciforme. Este trastorno sanguíneo hereditario afecta a millones de personas en todo el mundo, predominantemente de ascendencia africana. La enfermedad está causada por una única mutación en el gen de la beta-globina, que conduce a la formación de moléculas de hemoglobina anormales que dan lugar a glóbulos rojos deformes. Estas células deformadas suelen atascarse en los vasos sanguíneos, provocando dolor, daños en los órganos y una vida más corta. Los tratamientos actuales de la anemia falciforme se limitan a controlar los síntomas y prevenir las complicaciones, dejando a los pacientes con una calidad de vida reducida. Con la llegada de CRISPR, los investigadores han utilizado con éxito esta herramienta de edición genética para corregir la mutación genética responsable de la anemia falciforme en experimentos de laboratorio. Al introducir una copia modificada del gen de la beta-globina en las células madre del paciente, CRISPR tiene el potencial de erradicar la enfermedad de raíz, proporcionando una cura duradera y quizás incluso permanente. Otra enfermedad genética que CRISPR promete tratar es la fibrosis quística. Este trastorno potencialmente mortal afecta a los pulmones, el páncreas y otros órganos, y provoca la acumulación de una mucosidad espesa y pegajosa. Esta mucosidad obstruye las vías respiratorias, dificultando la respiración, y crea un caldo de cultivo para las infecciones. La fibrosis quística está causada por mutaciones en el gen CFTR, que codifica una proteína responsable del transporte de iones de cloruro a través de las membranas celulares. Estas mutaciones alteran el funcionamiento normal de la proteína CFTR, dando lugar a la mucosidad espesa que se observa en las personas con fibrosis quística. Al igual que la anemia falciforme, los tratamientos actuales de la fibrosis quística tienen como objetivo controlar los síntomas y ralentizar la progresión de la enfermedad. CRISPR ofrece la posibilidad de corregir el gen CFTR defectuoso, restaurando la función normal de la proteína e invirtiendo los efectos de la enfermedad. Este enfoque podría proporcionar potencialmente una cura para la fibrosis quística, mejorando la calidad de vida de las personas afectadas y aumentando su esperanza de vida. CRISPR tiene el potencial de revolucionar la terapia génica al ofrecer una forma de tratar enfermedades genéticas que antes se consideraban intratables. Las afecciones causadas por la mutación de un solo gen, como la enfermedad de Huntington, son candidatas principales para la aplicación de CRISPR. La enfermedad de Huntington es un trastorno neurológico degenerativo que conduce a la descomposición progresiva de las células nerviosas del cerebro, lo que provoca graves trastornos cognitivos y motores. Está causada por una expansión anómala de una repetición de trinucleótidos en el gen HTT, que conduce a la producción de una proteína tóxica que daña las neuronas. Aunque actualmente no existe cura para la enfermedad de Huntington, CRISPR ofrece un rayo de esperanza a los afectados. Mediante el uso de CRISPR para editar y eliminar selectivamente la repetición trinucleotídica expandida, los investigadores han corregido con éxito la mutación genética en modelos experimentales de la enfermedad. Estos avances son prometedores para el desarrollo de una posible cura de la enfermedad de Huntington, ofreciendo alivio a quienes padecen esta debilitante afección. El potencial de CRISPR para curar enfermedades genéticas es nada menos que extraordinario. Esta poderosa herramienta de edición genética ha abierto una nueva frontera en la genética, ofreciendo la esperanza de encontrar curas para afecciones anteriormente intratables. Al cortar y modificar con precisión el ADN, CRISPR permite a los científicos corregir las mutaciones genéticas responsables de enfermedades como la anemia falciforme, la fibrosis quística y la enfermedad de Huntington. El éxito de CRISPR en experimentos de laboratorio ha allanado el camino para futuras aplicaciones clínicas, con el potencial de aliviar permanentemente el sufrimiento de millones de individuos en todo el mundo. Aunque sigue habiendo problemas éticos y de seguridad, la promesa que encierra CRISPR para curar enfermedades genéticas es sin duda emocionante y representa un importante salto adelante en el campo de la genética. Con continuos avances e investigaciones, CRISPR puede remodelar el futuro de la humanidad, ofreciendo la posibilidad de un mundo libre de la carga de las enfermedades genéticas.

ELIMINAR LAS ENFERMEDADES INFECCIOSAS MEDIANTE LA EDICIÓN GENÉTICA

Una de las aplicaciones más prometedoras de la edición genética es la posibilidad de eliminar las enfermedades infecciosas. Las enfermedades infecciosas han sido una amenaza persistente para la humanidad desde tiempos inmemoriales, causando un inmenso sufrimiento y muerte. Con la llegada de tecnologías de edición de genes como CRISPR, ahora tenemos las herramientas para erradicar potencialmente estas enfermedades de una vez por todas. Tradicionalmente, las enfermedades infecciosas se han tratado con antibióticos o vacunas. Aunque estas intervenciones han tenido éxito en muchos casos, no están exentas de limitaciones. Los antibióticos, por ejemplo, pueden volverse ineficaces debido a la aparición de bacterias resistentes a los fármacos, un fenómeno que se ha convertido en un importante problema de salud pública en los últimos años. El desarrollo de vacunas puede llevar mucho tiempo y ser costoso, lo que dificulta una respuesta rápida a las amenazas infecciosas emergentes.

La edición genética ofrece un nuevo enfoque para combatir las enfermedades infecciosas. Al dirigirse directamente al material genético de los organismos causantes de enfermedades, la edición de genes puede hacerlos inofensivos. Este enfoque ya ha demostrado ser muy prometedor en la lucha contra la malaria, una enfermedad que se cobra cientos de miles de vidas cada año. Los investigadores han utilizado con éxito técnicas de edición genética para modificar los mosquitos, los principales vectores del parásito de la malaria, de forma que puedan impedir que transmitan la enfermedad a los humanos. Al introducir modificaciones genéticas que hacen a los mosquitos resistentes al parásito, los científicos han podido reducir significativamente la incidencia de la malaria en entornos de laboratorio controlados. Si estos mosquitos modificados genéticamente se liberaran en la naturaleza, podrían ayudar a erradicar la malaria por completo. Además de la malaria, la edición genética también tiene un gran potencial para eliminar otras enfermedades infecciosas. Por ejemplo, el VIH/SIDA, una crisis sanitaria mundial que afecta a millones de personas, podría erradicarse mediante la edición genética. Los investigadores han avanzado mucho en el desarrollo de técnicas de edición genética que pueden eliminar el virus VIH de las células infectadas, curando eficazmente a los pacientes de la enfermedad. Aunque todavía quedan muchos retos técnicos y éticos por superar antes de que este enfoque pueda hacerse realidad, representa una vía prometedora para una enfermedad que ha desafiado las terapias convencionales durante décadas. La edición genética también podría utilizarse para eliminar otras enfermedades víricas como la gripe o la hepatitis. Al dirigirse a genes específicos del virus, los científicos podrían alterar la capacidad del virus para replicarse o infectar las células huésped, haciéndolo inofensivo. Este enfoque no sólo podría conducir al desarrollo de nuevos tratamientos para estas enfermedades, sino que también podría ayudar a prevenir futuros brotes o pandemias. La edición genética podría utilizarse para diseñar ganado y cultivos resistentes a las enfermedades, mejorando así la seguridad alimentaria y reduciendo el riesgo de que las enfermedades infecciosas se propaguen a los seres humanos. A pesar de su inmenso potencial, la edición genética con el fin de eliminar enfermedades infecciosas también plantea importantes consideraciones éticas. La capacidad de manipular el material genético de los organismos plantea cuestiones sobre los límites de la intervención científica y las posibles consecuencias de alterar los ecosistemas naturales. También preocupa el posible uso indebido de las tecnologías de edición genética, como la creación de organismos modificados genéticamente con fines nefastos. Estas consideraciones éticas deben abordarse y regularse cuidadosamente para garantizar que la edición genética se utilice de forma responsable y en beneficio de la humanidad. La edición genética es muy prometedora para eliminar las enfermedades infecciosas y remodelar el futuro de la humanidad. Al dirigirse directamente al material genético de los organismos causantes de enfermedades, las técnicas de edición genética como CRISPR ofrecen un nuevo enfoque para combatir las enfermedades infecciosas que es potencialmente más eficaz y eficiente que los métodos tradicionales. Desde la malaria hasta el VIH/SIDA, la edición genética tiene el potencial de erradicar algunas de las enfermedades más devastadoras del mundo. Las implicaciones éticas de la edición genética también deben considerarse y regularse cuidadosamente para garantizar que estas tecnologías se utilicen de forma responsable. A medida que nos adentramos en las nuevas fronteras de la genética, las posibilidades de mejorar la salud y el bienestar humanos son realmente notables.

EDICIÓN GENÉTICA PREVENTIVA PARA LA SUSCEPTIBILIDAD A LAS ENFERMEDADES

La edición genética preventiva tiene el potencial de revolucionar la medicina al atacar la susceptibilidad a las enfermedades en su origen. Con la llegada de tecnologías de edición genética como CRISPR, los científicos tienen ahora la capacidad de realizar modificaciones precisas en el código genético, alterando de forma efectiva el ADN de un individuo. Esto plantea la posibilidad no sólo de tratar las enfermedades después de que se produzcan, sino también de evitar que lleguen a desarrollarse. Al editar determinados genes que se sabe que aumentan la susceptibilidad a las enfermedades, los científicos pueden eliminar el riesgo por completo. Esto tiene enormes implicaciones tanto para los individuos como para la sociedad en su conjunto. Una de las principales ventajas de la edición genética preventiva es la capacidad de hacer frente a las enfermedades genéticas. Muchas enfermedades, como la fibrosis quística y la enfermedad de Huntington, están causadas por mutaciones en genes específicos. Mediante el uso de CRISPR para editar estos genes causantes de enfermedades, los científicos pueden eliminar potencialmente la base genética de estas enfermedades por completo. Esto tendría un profundo impacto en las personas con riesgo de desarrollar estas enfermedades, así como en sus familias. Ya no tendrían que vivir con el temor de heredar una enfermedad debilitante, ya que la edición genética preventiva podría garantizar la eliminación de los genes causantes de enfermedades de su composición genética. Esto podría hacerse incluso en la fase embrionaria, permitiendo a las personas nacer completamente libres de enfermedades. Además de las enfermedades genéticas, la edición genética preventiva también podría dirigirse a las enfermedades comunes que tienen un componente genético. Muchas enfermedades, como el cáncer y las cardiopatías, tienen una compleja interacción entre factores genéticos y ambientales. Aunque no sea posible eliminar completamente el riesgo de estas enfermedades sólo mediante la edición genética, podría reducir significativamente la susceptibilidad de un individuo. Al editar genes que se sabe que aumentan el riesgo de estas enfermedades, los científicos podrían reducir potencialmente las probabilidades de que los individuos las desarrollen. Esto no sólo tendría un impacto significativo en los propios individuos, sino también en la sociedad en su conjunto. Con el aumento de la prevalencia de estas enfermedades, la edición genética preventiva podría salvar millones de vidas y reducir la carga de los sistemas sanitarios de todo el mundo. La edición genética preventiva también podría abordar el problema de la resistencia a los antibióticos. La resistencia a los antibióticos es una preocupación mundial creciente, ya que muchas bacterias son cada vez más inmunes a los efectos de los antibióticos. Esto supone una amenaza importante para la salud pública, ya que enfermedades que antes eran fácilmente tratables podrían volverse intratables en el futuro. Mediante el uso de tecnologías de edición genética, los científicos podrían modificar el código genético de las bacterias para hacerlas más susceptibles a los antibióticos. Al atacar genes específicos implicados en la resistencia a los antibióticos, los científicos podrían invertir esta tendencia y hacer que los antibióticos volvieran a ser eficaces. Esto podría salvar innumerables vidas y mitigar el impacto futuro de la resistencia a los antibióticos. Aunque la edición genética preventiva es muy prometedora, también plantea problemas éticos y sociales. La capacidad de alterar el código genético de un individuo plantea cuestiones sobre los límites de la intervención científica y el potencial de consecuencias no deseadas. También está la cuestión del acceso y la equidad, ya que las tecnologías de edición genética podrían limitarse a quienes puedan permitírselas, exacerbando aún más las disparidades sanitarias existentes. Preocupa el potencial de mejora genética en lugar de la mera prevención de enfermedades. Esto podría dar lugar a una brecha cada vez mayor entre los individuos mejorados genéticamente y los que no lo están, creando potencialmente una nueva forma de desigualdad. La edición genética preventiva tiene el potencial de ser un avance revolucionario en medicina, al permitir la prevención de enfermedades genéticas, reducir la susceptibilidad a enfermedades comunes y abordar la resistencia a los antibióticos. También plantea problemas éticos y sociales que deben considerarse cuidadosamente. Al aventurarnos en las nuevas fronteras de la genética, es crucial que abordemos estas tecnologías con cautela y consideremos tanto los beneficios como los riesgos potenciales que plantean. El futuro de la humanidad depende de nuestra capacidad para superar estos retos y tomar decisiones informadas sobre el uso responsable de las tecnologías de edición genética. Se trata de un viaje que configurará el futuro de la medicina y remodelará el tejido mismo de nuestra existencia. A pesar del rápido avance de la genética y de las tecnologías de edición de genes, existen dilemas éticos potenciales y preocupaciones asociadas al uso de CRISPR. Una de estas preocupaciones es la posibilidad de que se produzcan consecuencias no deseadas y efectos no deseados. En el proceso de modificación de genes, existe el riesgo de alterar involuntariamente otros genes o causar mutaciones inesperadas que pueden tener efectos perjudiciales para un organismo. Esto es especialmente preocupante cuando se trata de la edición de genes humanos, ya que cualquier consecuencia no intencionada podría tener implicaciones de gran alcance para las generaciones futuras. Preocupa el posible mal uso o abuso de estas tecnologías. Con la capacidad de editar genes, surge la tentación de utilizar estas herramientas para fines no médicos, como mejorar los rasgos físicos y la inteligencia. Esto plantea cuestiones sobre la ética de crear "bebés de diseño" y exacerbar las disparidades existentes entre las personas. La accesibilidad y asequibilidad de las tecnologías CRISPR podría provocar una división entre quienes pueden permitirse la edición genética y quienes no, creando una nueva forma de desigualdad en la sociedad. La falta de estudios a largo plazo sobre los efectos de la edición genética suscita preocupación sobre la seguridad y los posibles riesgos asociados a estas tecnologías. Aunque se han producido avances significativos en la edición de genes, todavía hay muchas cosas que no se comprenden del todo sobre los entresijos de la genética, y los efectos a largo plazo de la manipulación de genes siguen siendo en gran medida desconocidos. Esta falta de conocimientos supone un riesgo a la hora de aplicar estas tecnologías a gran escala. También hay implicaciones sociales y culturales que considerar en el campo de la genética y la edición de genes. Las distintas culturas y religiones pueden tener creencias y valores diferentes cuando se trata de manipular material genético. Estas preocupaciones éticas deben abordarse y respetarse cuidadosamente para garantizar que el futuro de la genética y la edición genética sea integrador y respete las diversas perspectivas de las distintas comunidades. A pesar de estos retos y preocupaciones, los beneficios potenciales de la genética y la edición genética son enormes y no pueden ignorarse. La capacidad de curar enfermedades genéticas, erradicar mutaciones perjudiciales y mejorar la salud y el bienestar humanos es inmensamente prometedora. Con el desarrollo de estas tecnologías, tenemos el potencial de erradicar enfermedades devastadoras, como la fibrosis quística y la enfermedad de Huntington, mejorando la vida de innumerables personas y familias. Las tecnologías de edición genética podrían ofrecer soluciones a retos globales como la seguridad alimentaria y la conservación del medio ambiente. Modificando los cultivos para que sean más resistentes, nutritivos y resistentes a las plagas, podríamos abordar problemas como la malnutrición y el agotamiento de los recursos naturales. Del mismo modo, la capacidad de modificar organismos para limpiar la contaminación o degradar sustancias nocivas podría tener un impacto significativo en la sostenibilidad medioambiental. La frontera de la genética y CRISPR es muy prometedora para el futuro de la humanidad. Es un ámbito en el que se pueden curar enfermedades, modificar organismos y las posibilidades de remodelar nuestro mundo parecen ilimitadas. Es crucial que abordemos estos avances con una cuidadosa consideración y un compromiso con los principios éticos. Si tomamos decisiones responsables, promovemos la inclusión y abordamos los problemas de seguridad y accesibilidad, podremos aprovechar todo el potencial de las tecnologías de edición genética para mejorar la humanidad. Al embarcarnos en este viaje hacia los límites de la ciencia, debemos permanecer vigilantes y defender la integridad de la investigación genética, garantizando que estos avances beneficien a la sociedad en su conjunto y allanen el camino hacia un futuro más brillante.

VII. POTENCIAR LAS CAPACIDADES Y RASGOS HUMANOS

Con los increíbles avances en genética y la llegada de la tecnología CRISPR, los científicos han entrado en el reino de la mejora de las capacidades y los rasgos humanos. Esta frontera científica no sólo promete curar enfermedades antes intratables, sino que también ofrece la posibilidad de mejorar y modificar determinadas características humanas. Aunque este concepto plantea problemas éticos, no pueden ignorarse las posibilidades que ofrece para el futuro de la humanidad. Un área en la que la mejora genética tiene un enorme potencial es el tratamiento y la prevención de trastornos genéticos. CRISPR ha revolucionado el campo de la edición genética al permitir a los científicos dirigir y modificar con precisión genes específicos. Con esta tecnología, las enfermedades causadas por un único gen defectuoso, como la anemia falciforme, la enfermedad de Huntington o la fibrosis quística, podrían curarse potencialmente en su raíz. Al editar los genes responsables de estas afecciones, los científicos pueden eliminar eficazmente el riesgo de transmitir la enfermedad a las generaciones futuras. Esto no sólo ofrece esperanza a innumerables personas y familias afectadas por trastornos genéticos, sino que también tiene el potencial de erradicarlos por completo. Además de curar enfermedades, la mejora genética también es prometedora para mejorar las capacidades humanas. Es concebible que en un futuro no muy lejano podamos mejorar nuestras capacidades físicas y cognitivas mediante modificaciones genéticas. Por ejemplo, los atletas podrían editar sus genes para aumentar la fuerza o la resistencia muscular, superando los límites del rendimiento humano. Del mismo modo, las personas con predisposición genética a ciertas enfermedades mentales podrían modificar sus genes para reducir el riesgo de desarrollarlas. Al alterar el código genético, podríamos desbloquear capacidades y rasgos antes inaccesibles, abriendo nuevas posibilidades al potencial humano. El concepto de mejora genética también plantea problemas éticos y suscita cuestiones importantes sobre los límites de la ciencia y las implicaciones de alterar el genoma humano. Los críticos sostienen que la mejora genética podría perpetuar las desigualdades existentes y crear una división entre una élite genéticamente mejorada y el resto de la sociedad. Sostienen que las mejoras genéticas, si son fácilmente accesibles sólo a unos pocos privilegiados, podrían exacerbar las disparidades sociales, económicas y sanitarias existentes. No se puede descartar la preocupación por las consecuencias no deseadas y los efectos secundarios imprevistos de las modificaciones genéticas. Los efectos a largo plazo de las alteraciones genéticas sobre las personas y las generaciones futuras siguen siendo en gran medida desconocidos, por lo que es crucial proceder con cautela. A pesar de las preocupaciones éticas, no pueden pasarse por alto los beneficios potenciales de la mejora genética. La capacidad de curar enfermedades, potenciar habilidades y remodelar el futuro de la humanidad es un viaje que la ciencia no puede permitirse ignorar. Con la normativa y las salvaguardias adecuadas, la mejora genética podría convertirse en una herramienta para el progreso, mejorando la calidad de vida de las personas y de la sociedad en su conjunto. Para garantizar el uso responsable de las mejoras genéticas, es imprescindible que se establezcan directrices y normativas éticas estrictas. Estas directrices deben abarcar cuestiones como el acceso a las mejoras genéticas, la posible explotación y los efectos a largo plazo sobre los individuos y la sociedad en general. La concienciación y educación del público sobre la ciencia de la edición genética y su posible impacto son cruciales para fomentar debates y toma de decisiones informados. Sólo mediante un planteamiento informado y ético podremos navegar por esta nueva frontera científica y aprovechar su potencial para la mejora de la humanidad.

Los avances en genética y la tecnología CRISPR abren un mundo de posibilidades para mejorar las capacidades y los rasgos humanos. El potencial para curar enfermedades, mejorar las capacidades físicas y cognitivas y remodelar el futuro de la humanidad es a la vez emocionante y desalentador. Esta apasionante frontera también plantea problemas éticos y suscita preguntas importantes sobre las implicaciones de alterar el genoma humano. Para navegar por este nuevo campo de forma responsable, es esencial establecer normativas estrictas, educar al público y garantizar que los beneficios de las mejoras genéticas sean accesibles para todos, minimizando al mismo tiempo los riesgos potenciales. El futuro de la mejora genética encierra un potencial increíble, y depende de nosotros darle forma de manera responsable.

EDICIÓN GENÉTICA PARA MEJORAR LAS CAPACIDADES COGNITIVAS

La edición genética tiene el potencial de revolucionar la humanidad mejorando las capacidades cognitivas. La capacidad de manipular nuestro código genético abre nuevas fronteras en neurobiología y neurociencia. Editando con precisión los genes que afectan a la función cognitiva, los científicos podrían mejorar la inteligencia, la memoria y otras capacidades mentales. Esto tiene profundas implicaciones para diversos aspectos de la sociedad, como la educación, el empleo e incluso la posibilidad de crear una nueva raza de individuos superinteligentes. Las tecnologías de edición genética como CRISPR tienen el potencial de corregir las mutaciones genéticas que causan trastornos cognitivos como la enfermedad de Alzheimer y el autismo, proporcionando esperanza a millones de personas afectadas y a sus familias. Con la capacidad de editar genes directamente, los científicos pueden ahora atacar las causas genéticas subyacentes de estos trastornos, lo que podría conducir a tratamientos eficaces e incluso a la prevención. Como ocurre con cualquier tecnología potente, la edición de genes para mejorar las capacidades cognitivas plantea problemas éticos. El concepto de mejorar genéticamente la inteligencia se ha recibido con entusiasmo y aprensión. Por un lado, ofrece la posibilidad de avances significativos en las capacidades humanas y la oportunidad de aliviar la carga de los trastornos cognitivos. Por otro lado, plantea cuestiones éticas sobre la desigualdad, la discriminación y la posibilidad de crear una "élite genética" que podría exacerbar las disparidades sociales y económicas. Los críticos sostienen que la edición genética para mejorar las capacidades cognitivas podría exacerbar las desigualdades existentes y crear un mundo en el que ciertos individuos tengan una ventaja injusta sobre otros. Preocupan las consecuencias imprevistas de la edición genética, ya que alterar un gen podría tener efectos imprevistos en otros aspectos de la biología de un individuo o incluso en las generaciones futuras. A pesar de estas preocupaciones éticas, el campo de la edición genética para mejorar las capacidades cognitivas sigue avanzando rápidamente. Los investigadores descubren constantemente nuevos genes y vías genéticas que influyen en la función cognitiva, lo que nos acerca a la comprensión de la compleja interacción entre los genes y el cerebro. La tecnología CRISPR es cada vez más rápida, barata y precisa, lo que hace que la edición de genes sea cada vez más factible y accesible. A medida que las tecnologías de edición genética siguen evolucionando, es esencial que nos enfrentemos a las cuestiones éticas que plantean. La sociedad debe entablar un diálogo reflexivo y continuo sobre los posibles riesgos y beneficios de la edición genética para la mejora cognitiva, sopesando el deseo de mejora humana frente a las posibles consecuencias no deseadas y la perpetuación de la desigualdad. Deben establecerse marcos reguladores y directrices éticas para garantizar que la edición genética se utiliza de forma responsable y equitativa. La edición genética para mejorar las capacidades cognitivas es inmensamente prometedora, pero también exige una consideración cuidadosa y una aplicación responsable. A medida que se profundiza en nuestra comprensión de la genética y el cerebro humano, debemos afrontar los dilemas éticos que plantea esta nueva frontera de la ciencia. Con un debate abierto e informado, podemos superar los complejos

retos y dar forma a un futuro en el que la edición genética mejore
el bienestar de toda la humanidad.

BEBÉS DE DISEÑO Y CONSIDERACIONES ÉTICAS

La posibilidad de modificar genéticamente los embriones y crear "bebés de diseño" plantea una serie de consideraciones éticas. Por un lado, los defensores argumentan que la ingeniería genética podría utilizarse para eliminar enfermedades genéticas y crear individuos más sanos. Al identificar y eliminar las mutaciones genéticas perjudiciales, los padres podrían asegurarse de que sus hijos tienen las mejores oportunidades de disfrutar de una vida larga y plena. La modificación genética podría mejorar potencialmente rasgos como la inteligencia o el atletismo, abriendo posibilidades para que los individuos tuvieran características deseables que antes estaban fuera de su alcance. Esta visión utópica de un mundo con individuos libres de enfermedades y genéticamente superiores es ciertamente seductora. También existen importantes preocupaciones éticas asociadas a esta tecnología. Lo primero y más importante es la preocupación por la equidad y el acceso. Si la ingeniería genética se generaliza, es probable que sólo puedan permitírsela quienes dispongan de recursos económicos suficientes. Esto podría exacerbar las desigualdades sociales existentes, ya que los individuos nacidos en familias menos pudientes estarían en desventaja genética. Esto plantea cuestiones sobre la equidad y la justicia de permitir que algunos individuos tengan acceso a rasgos genéticos mejorados mientras que otros no. Preocupa el potencial de uso indebido y abuso de la ingeniería genética. Una vez que la tecnología esté disponible, es difícil predecir cómo se utilizará. ¿Se utilizará únicamente con fines médicos, o empezarán los individuos y las sociedades a utilizarla por razones más superficiales, como la selección de rasgos físicos específicos o la mejora de rasgos cosméticos? La línea que separa la necesidad médica de la preferencia personal puede ser borrosa, y existe un riesgo real de que esta tecnología se explote con fines no médicos.

Otra preocupación ética es la posibilidad de que se produzcan consecuencias no deseadas. Se desconocen en gran medida los efectos a largo plazo de la modificación genética, y existe la posibilidad de que surjan mutaciones no deseadas o riesgos imprevistos para la salud. Esto plantea cuestiones sobre la responsabilidad de los científicos y de la sociedad en general de garantizar la seguridad y el bienestar de las generaciones futuras. ¿Es ético experimentar con embriones cuando no podemos estar seguros de los riesgos y consecuencias potenciales? Preocupa el impacto de la ingeniería genética en la diversidad humana y en el concepto de lo que significa ser humano. Al permitir que los individuos seleccionen y manipulen rasgos genéticos, corremos el riesgo de homogeneizar la población y borrar la diversidad natural existente. La diversidad genética es esencial para la supervivencia y la adaptación de la especie humana, y eliminarla o controlarla podría tener consecuencias imprevistas. Plantea cuestiones sobre el concepto de autonomía e individualidad. Si empezamos a considerar los rasgos genéticos como algo que puede elegirse y controlarse, ¿qué significa esto para la identidad personal y la idea de ser un individuo único? Preocupan las implicaciones de la ingeniería genética para las generaciones futuras. Una vez realizadas las modificaciones genéticas, son heredables y se transmitirán a las generaciones futuras. Esto plantea cuestiones sobre el consentimiento y los derechos de los niños no nacidos. Al tomar decisiones sobre su composición genética,

¿estamos vulnerando su autonomía y su derecho a la autodeterminación? También suscita preocupación la posibilidad de crear una subclase genética o un sistema de castas, en el que los que no han sido modificados genéticamente sean considerados menos deseables. La posibilidad de crear "bebés de diseño" mediante la ingeniería genética plantea una serie de consideraciones éticas. Aunque la idea de eliminar las enfermedades genéticas y mejorar los rasgos deseables es tentadora, existen importantes preocupaciones sobre la equidad, el uso indebido, las consecuencias imprevistas, el impacto en la diversidad y los derechos de las generaciones futuras. Mientras navegamos por el potencial de la ingeniería genética, es esencial que nos comprometamos con consideraciones reflexivas y éticas para garantizar que estamos dando forma a un futuro justo, equitativo y respetuoso con los derechos y valores humanos. Sólo así podremos aprovechar verdaderamente el poder de la genética para mejorar la condición humana sin sacrificar nuestros principios éticos fundamentales.

IMPACTO SOBRE LAS NORMAS SOCIALES Y LA IGUALDAD

Los avances en el campo de la genética y la edición de genes, sobre todo con la llegada de la tecnología CRISPR, tienen el potencial de revolucionar las normas sociales y repercutir enormemente en la igualdad. Un aspecto significativo de este impacto potencial reside en el ámbito de la prevención y el tratamiento de enfermedades. Al comprender y manipular nuestro código genético, los científicos pueden erradicar o prevenir potencialmente la herencia de enfermedades genéticas. Esto no sólo aliviaría el sufrimiento de las personas y familias afectadas por tales afecciones, sino que también provocaría un cambio en las normas sociales. El estigma y la discriminación asociados a las enfermedades genéticas podrían desaparecer gradualmente a medida que estas afecciones se vuelvan raras o inexistentes, abriendo las puertas a una sociedad que valore la inclusión y la compasión. La tecnología CRISPR promete abordar ciertos problemas éticos relacionados con la reproducción. En la actualidad, las personas portadoras de ciertas enfermedades genéticas se enfrentan a decisiones difíciles cuando se plantean tener hijos, ya que corren el riesgo de transmitir la enfermedad a su descendencia. Con las técnicas de edición genética, sería posible eliminar o corregir la anomalía en el embrión, evitando así que la enfermedad se herede. Esto aliviaría la carga que supone para los padres tener que tomar decisiones difíciles, al tiempo que fomentaría la libertad de las personas para fundar familias sin miedo ni incertidumbre. Además de la prevención de enfermedades, la edición genética tiene el potencial de ampliar los límites de las capacidades humanas. Las modificaciones genéticas podrían mejorar ciertos rasgos como la inteligencia, la fuerza o el aspecto físico. Aunque esto pueda parecer inicialmente un avance positivo, surge la preocupación por la creación de una jerarquía genética y la exacerbación de las desigualdades sociales existentes. Si sólo los ricos y privilegiados tienen acceso a las mejoras genéticas, podría producirse una profundización de las divisiones sociales, en la que surgiera una élite genéticamente mejorada. Este escenario potencial plantea cuestiones sobre la equidad, la justicia y la naturaleza de la igualdad en una sociedad en la que los individuos ya no están en igualdad de condiciones debido a su composición genética. El impacto de la edición genética en la igualdad de género es otro aspecto que merece la pena considerar. En la actualidad, la desigualdad de género persiste de diversas formas, como las disparidades salariales, de oportunidades y de expectativas sociales. Es concebible que la edición genética pueda utilizarse para modificar embriones con el fin de asegurar el sexo de un niño, perpetuando potencialmente los desequilibrios de género existentes. Esto podría reforzar los estereotipos perjudiciales y afianzar aún más la desigualdad de género en la sociedad. Es crucial que se establezcan consideraciones éticas y normativas para evitar el uso indebido de la tecnología de edición genética de forma que exacerbe las desigualdades existentes. No puede pasarse por alto el potencial de consecuencias no deseadas. En la búsqueda de la manipulación genética, existe la posibilidad de que surjan mutaciones genéticas imprevistas o efectos a largo plazo. Esto suscita preocupación por las implicaciones para la salud y el bienestar humanos, así como por las posibles repercusiones en las generaciones futuras. Deben existir políticas y normativas que garanticen la realización de pruebas y evaluaciones rigurosas para minimizar los riesgos y proteger el bienestar de las personas y de la sociedad en su conjunto.

En general, los avances en genética y edición de genes, especialmente con la llegada de CRISPR, son muy prometedores para el futuro de la humanidad. Desde la prevención y el tratamiento de enfermedades genéticas hasta la resolución de problemas éticos relacionados con la reproducción, la edición genética tiene el potencial de remodelar las normas sociales. Es esencial abordar esta tecnología con cautela, teniendo en cuenta sus posibles repercusiones sobre la igualdad social y los dilemas éticos. Al considerar cuidadosamente las implicaciones y aplicar normativas exhaustivas, la sociedad puede aprovechar el poder de los avances genéticos de un modo que promueva la inclusión, la justicia y la mejora de la humanidad en su conjunto. Este apasionante campo de la genética nos ofrece la oportunidad de trascender nuestras limitaciones, pero depende de nosotros garantizar que estos avances promuevan el progreso social en lugar de perpetuar la desigualdad y la división. Una de las fronteras más apasionantes en el campo de la genética es la llegada de la edición de genes, concretamente la revolucionaria tecnología conocida como CRISPR. Con la capacidad de actuar como tijeras moleculares, CRISPR tiene el potencial de curar enfermedades, cambiar organismos y remodelar el futuro de la humanidad. Este apasionante mundo de la genética es muy prometedor para el campo de la medicina y ya ha dado resultados notables en el tratamiento de diversos trastornos genéticos. Aprovechando el poder de CRISPR, los científicos pueden editar el ADN de los organismos vivos con una precisión sin precedentes, corrigiendo las mutaciones que causan enfermedades genéticas.

Esta notable tecnología tiene el potencial de transformar las vidas de millones de personas que actualmente sufren afecciones genéticas, ofreciendo la esperanza de un futuro libre de la carga de tales enfermedades. CRISPR tiene la capacidad de cambiar los organismos de formas que antes eran inimaginables. Al dirigirse a genes específicos, los científicos pueden modificar rasgos que se heredan, alterando en última instancia la composición genética de toda una especie. Esto tiene implicaciones de gran alcance, especialmente en el ámbito de la agricultura, ya que podría eliminar enfermedades que diezman las cosechas o aumentar el valor nutricional de los alimentos básicos. CRISPR tiene el potencial de atacar y eliminar organismos nocivos, como los mosquitos causantes de enfermedades, reduciendo así drásticamente la propagación de enfermedades mortales como la malaria y el dengue. Estas aplicaciones pueden tener un profundo impacto en la salud y el bienestar de las personas y las comunidades de todo el mundo. Con un potencial tan inmenso, no es de extrañar que el mundo de la genética y CRISPR se considere la nueva frontera de la ciencia. En la búsqueda por desvelar los secretos de la genética, los científicos se han embarcado en un viaje al límite de la ciencia. Este viaje implica no sólo la exploración de las posibilidades ilimitadas de la edición genética, sino también las implicaciones éticas y morales que se derivan de ejercer tal poder. Aunque los beneficios potenciales de CRISPR son innegables, existe preocupación por el posible uso indebido de esta tecnología. La edición genética podría utilizarse para mejorar rasgos deseables, creando una sociedad en la que sólo los genéticamente mejorados tengan acceso a oportunidades y ventajas. Esto plantea cuestiones de justicia, igualdad y posible discriminación. Alterar la composición genética de los organismos podría tener consecuencias imprevistas en los ecosistemas, alterando los delicados equilibrios y causando potencialmente daños imprevistos. Estas consideraciones éticas y medioambientales ponen de relieve la necesidad de una regulación y supervisión cuidadosas. A medida que la humanidad se aventura en estas nuevas fronteras de la genética, es crucial abordar estos dilemas éticos y garantizar que los beneficios de esta tecnología sean accesibles a todos, mitigando al mismo tiempo sus riesgos potenciales. A pesar de los retos éticos y normativos, el futuro de la genética y de CRISPR es innegablemente apasionante. A medida que aumenta nuestro conocimiento del genoma humano, las posibilidades de edición genética son cada vez más amplias. Los científicos ya están explorando el potencial de CRISPR para tratar enfermedades complejas como el cáncer y el VIH, lo que ofrece esperanzas de avances revolucionarios en el campo de la medicina. A medida que se amplíe nuestro conocimiento de la genética, podremos desentrañar los misterios del envejecimiento, lo que podría conducir a intervenciones que prolonguen la vida humana y mejoren la calidad de vida de las personas de todo el mundo. Las implicaciones de tales avances son profundas, pues moldean el tejido mismo de la humanidad y redefinen nuestra relación con el mundo natural.

El mundo de la genética y CRISPR encierra un inmenso potencial para el futuro de la humanidad. La revolucionaria tecnología CRISPR permite a los científicos curar enfermedades, cambiar organismos y remodelar el mundo que nos rodea con una precisión sin precedentes. Desde el tratamiento de trastornos genéticos hasta la modificación de rasgos hereditarios, las posibilidades son ilimitadas. A medida que nos embarcamos en este apasionante viaje a los confines de la ciencia, es crucial abordar las implicaciones éticas y medioambientales de la edición genética y garantizar que esta tecnología se utilice de forma responsable. Con una regulación y supervisión cuidadosas, el futuro de la genética y de CRISPR puede ser brillante y prometedor, ofreciendo la esperanza de un mundo en el que las enfermedades genéticas sean cosa del pasado y el potencial de la existencia humana pueda liberarse en toda su extensión.

VIII. IMPLICACIONES MEDIOAMBIENTALES

Aunque el potencial de la edición genética y la tecnología CRISPR para curar enfermedades y mejorar las capacidades humanas es emocionante, también suscita serias preocupaciones en cuanto a sus implicaciones medioambientales. A medida que nos adentramos en las nuevas fronteras de la genética, debemos considerar las posibles consecuencias de manipular la composición genética de los organismos y liberarlos en el medio ambiente.

Una de las principales preocupaciones son las repercusiones ecológicas no deseadas que pueden tener los organismos modificados genéticamente (OMG). Alterar los rasgos genéticos de plantas y animales puede tener consecuencias imprevistas en los ecosistemas. Por ejemplo, si un cultivo modificado genéticamente se introduce en la naturaleza, puede cruzarse con parientes silvestres, lo que daría lugar a la propagación de genes modificados por toda la población vegetal. Esto podría provocar el desplazamiento de las especies autóctonas, perturbar los ecosistemas y causar una disminución de la biodiversidad. La liberación de organismos editados genéticamente en el medio ambiente plantea el riesgo de consecuencias imprevistas que podrían ser irreversibles. No podemos predecir los efectos a largo plazo de los organismos modificados genéticamente sobre el delicado equilibrio de los ecosistemas. Estos organismos modificados pueden tener comportamientos, adaptaciones o interacciones imprevistos con otras especies que podrían tener efectos perjudiciales para el medio ambiente. Una vez liberados, puede ser difícil, si no imposible, controlar o invertir estos impactos ecológicos. Las técnicas de edición genética también suscitan preocupación en relación con la bioseguridad y el potencial de consecuencias no deseadas en relación con la agricultura. El desarrollo de los impulsores genéticos, por ejemplo, amenaza con diseminar genes intencionadamente por las poblaciones, afectando a ecosistemas enteros. Aunque los impulsores genéticos tienen el potencial de controlar y erradicar plagas nocivas, como los mosquitos portadores de enfermedades, deben considerarse cuidadosamente las consecuencias no deseadas de liberar tales organismos en el medio ambiente. Existe la posibilidad de que estos impulsores genéticos se propaguen a objetivos no deseados, provocando la extinción de especies no objetivo o desequilibrios ecológicos. Además de los riesgos asociados a las tecnologías de edición genética, el uso de CRISPR también presenta retos relacionados con las implicaciones éticas y sociales. La capacidad de modificar la composición genética de los organismos plantea cuestiones sobre si debemos desempeñar el papel de "amo" sobre la naturaleza e intervenir en el orden natural de las cosas. La posibilidad de crear bebés de diseño y alterar los rasgos humanos plantea dilemas éticos que deben evaluarse cuidadosamente. La comercialización y las patentes de las tecnologías de edición genética suscitan preocupaciones sobre el acceso y la equidad. ¿Serán la edición genética y CRISPR accesibles sólo a los ricos, exacerbando aún más las desigualdades existentes? El coste de estas tecnologías y la posibilidad de que los intereses comerciales controlen el acceso plantean importantes cuestiones sociales y económicas. Para mitigar los posibles riesgos medioambientales y abordar las consideraciones éticas y sociales, son esenciales marcos reguladores sólidos y colaboraciones internacionales. Los gobiernos, los científicos y los responsables políticos deben trabajar juntos para establecer directrices y normativas que garanticen evaluaciones rigurosas de la seguridad y eviten las consecuencias imprevistas de las tecnologías de edición genética. Esto incluye evaluar los impactos potenciales sobre los ecosistemas y la biodiversidad, así como abordar cuestiones de bioseguridad y equidad. El compromiso público y la educación son cruciales. A medida que la sociedad se enfrenta a las implicaciones éticas y sociales de la edición genética y CRISPR, es esencial implicar al público en los debates y procesos de toma de decisiones. Deben ponerse en marcha campañas de concienciación pública e iniciativas educativas para garantizar que todos comprenden los riesgos y beneficios de estas tecnologías. Esto fomentará un diálogo más inclusivo e informado en torno al futuro de la ingeniería genética y su impacto en la humanidad y el medio ambiente. El campo emergente de la edición genética y la tecnología CRISPR tiene el potencial de revolucionar la medicina, la agricultura y los esfuerzos de conservación. Debemos proceder con cautela y considerar las implicaciones medioambientales, de bioseguridad, éticas y sociales que conllevan estos avances. La investigación responsable, una regulación sólida y el compromiso público son cruciales para garantizar que aprovechamos el poder de la genética para la mejora de la humanidad y la conservación de nuestro medio ambiente. El viaje hacia los límites de la ciencia es sin duda apasionante, pero debemos recorrerlo con cautela.

UTILIZAR LA EDICIÓN GENÉTICA PARA COMBATIR EL CAMBIO CLIMÁTICO

Una de las aplicaciones más innovadoras de la edición genética reside en su potencial para combatir el cambio climático. Como el clima de la Tierra sigue cambiando a un ritmo alarmante, los científicos buscan nuevas formas de mitigar los efectos del calentamiento global y crear un futuro más sostenible. La edición genética ofrece una solución prometedora al permitirnos modificar la composición genética de los organismos para que se adapten a las condiciones medioambientales cambiantes y reduzcan su huella de carbono. Al alterar los genes de plantas y animales, podemos crear cultivos resistentes a la sequía, criar ganado tolerante al calor y diseñar árboles que absorban carbono. Estos organismos modificados genéticamente tienen el potencial no sólo de sobrevivir en climas duros, sino también de proporcionar fuentes sostenibles de alimentos, mitigar la erosión del suelo y secuestrar dióxido de carbono. Un ejemplo del uso de la edición genética para combatir el cambio climático es el desarrollo de cultivos resistentes a la sequía. Con el cambio climático y la creciente escasez de agua, los cultivos tradicionales luchan por sobrevivir en condiciones áridas. Los científicos han identificado genes específicos responsables de la tolerancia a la sequía en determinadas plantas y han introducido con éxito estos genes en otras especies de cultivos utilizando técnicas de edición genética como CRISPR. Como resultado, estos cultivos modificados genéticamente están mejor equipados para resistir periodos prolongados de sequía, garantizando un suministro estable de alimentos en regiones propensas a condiciones climáticas extremas. Estos cultivos resistentes a la sequía necesitan menos agua para crecer, lo que reduce el consumo de agua en la agricultura, un sector responsable de una parte significativa del consumo mundial de agua. Este avance tecnológico no sólo aborda la seguridad alimentaria, sino que también contribuye a la conservación de los limitados recursos hídricos, un componente crítico de la adaptación al cambio climático. Además de modificar los genes de las plantas, la edición genética también puede aplicarse al ganado para crear razas tolerantes al calor. A medida que la temperatura global sigue subiendo, el ganado, como el vacuno y las aves de corral, se enfrenta a un mayor estrés térmico, con la consiguiente reducción de la productividad e incluso la muerte. Mediante técnicas de edición genética, los científicos pueden identificar y modificar genes relacionados con la tolerancia al calor en los animales. Por ejemplo, los genetistas han introducido en el ganado vacuno el gen responsable de la tolerancia al calor en los camellos, lo que les permite soportar altas temperaturas. Con estos animales modificados genéticamente, la ganadería puede continuar en regiones con calor extremo, garantizando un suministro estable de carne y productos lácteos incluso en un clima cambiante. Al reducir el estrés térmico de los animales, la edición genética no sólo mejora el bienestar animal, sino que también contribuye a la seguridad alimentaria al mantener la producción ganadera frente al aumento de las temperaturas. La edición genética puede utilizarse para diseñar árboles con mayor capacidad de absorción de carbono. Los árboles desempeñan un papel crucial en la lucha contra el cambio climático secuestrando dióxido de carbono mediante la fotosíntesis. No todas las especies arbóreas son igual de eficaces en la captura de carbono, y algunas son incluso más susceptibles a los efectos adversos del cambio climático. Identificando y modificando los genes asociados a la captación de carbono, los científicos pueden crear especies arbóreas que absorban y almacenen mejor el dióxido de carbono. Estos árboles modificados genéticamente podrían plantarse estratégicamente en zonas con elevadas emisiones de carbono, como cerca de fábricas o centros urbanos, para mitigar el impacto de los gases de efecto invernadero. Estos árboles también pueden contribuir a los esfuerzos de restauración de la tierra desplazando a las especies invasoras y evitando la erosión del suelo. Utilizando la edición genética para mejorar la capacidad de absorción de carbono de los árboles, podemos reducir eficazmente los niveles de dióxido de carbono atmosférico, uno de los principales impulsores del calentamiento global.

La aplicación de la edición genética a la lucha contra el cambio climático ofrece un inmenso potencial para crear un futuro más sostenible para la humanidad. Utilizando técnicas de edición genética como CRISPR, podemos modificar la composición genética de los organismos para que se adapten a las cambiantes condiciones medioambientales. Desde el desarrollo de cultivos resistentes a la sequía y ganado tolerante al calor hasta la ingeniería de árboles que absorben carbono, la edición genética ofrece soluciones innovadoras para mitigar los efectos del calentamiento global. Estos organismos modificados genéticamente no sólo proporcionan fuentes sostenibles de alimentos, sino que también contribuyen a la conservación del agua, mejoran el bienestar animal y reducen las emisiones de gases de efecto invernadero. Mientras seguimos explorando las posibilidades y las consideraciones éticas de la edición genética, su aplicación para abordar el cambio climático ofrece una visión del apasionante futuro de la genética y de las nuevas fronteras de la ciencia.

MODIFICAR ORGANISMOS PARA ADAPTARLOS A CONDICIONES DURAS

La modificación de organismos para que se adapten a condiciones duras es un área de investigación muy prometedora para el futuro. Con el avance de la ingeniería genética y la tecnología CRISPR, los científicos han podido lograr avances significativos en la modificación de la composición genética de los organismos para mejorar su capacidad de prosperar en entornos extremos. Este campo de investigación emergente plantea posibilidades intrigantes para diversas aplicaciones, desde la agricultura hasta la exploración espacial. En el campo de la agricultura, modificar los organismos para que se adapten a condiciones duras puede revolucionar las prácticas agrícolas y abordar la creciente crisis alimentaria mundial. Mediante la ingeniería genética de los cultivos para que resistan la sequía, las altas temperaturas o la salinidad, los científicos pueden garantizar que la producción de alimentos se mantenga estable incluso en regiones con condiciones ambientales desfavorables. Esto podría ayudar a paliar el hambre y la malnutrición en muchas partes del mundo, donde los suelos áridos o infértiles han obstaculizado tradicionalmente la productividad agrícola. Los cultivos modificados genéticamente podrían reducir la necesidad de pesticidas y fertilizantes nocivos, promoviendo un enfoque de la agricultura más sostenible y respetuoso con el medio ambiente. Además de abordar la seguridad alimentaria mundial, modificar los organismos para que se adapten a condiciones duras también podría tener un profundo impacto en la salud humana. Mediante la ingeniería genética, los científicos pueden modificar potencialmente las células humanas para que resistan mejor determinadas enfermedades o condiciones. Por ejemplo, las personas con trastornos genéticos como la anemia falciforme o la fibrosis quística podrían beneficiarse de las técnicas de edición genética que modifican su propio ADN para corregir las mutaciones genéticas subyacentes. En el futuro, esta tecnología podría extenderse a la modificación de embriones para evitar que las enfermedades hereditarias se transmitan a las generaciones futuras. Otro campo en el que la modificación de organismos para adaptarse a condiciones adversas resulta muy prometedora es el de la exploración espacial. A medida que los seres humanos se aventuren en el cosmos, se enfrentarán a entornos muy diferentes de la Tierra. La capacidad de modificar organismos para que sobrevivan en condiciones extremas, como baja gravedad o altos niveles de radiación, podría ser fundamental para las misiones espaciales de larga duración. Mediante la ingeniería de organismos para que produzcan su propio oxígeno o proporcionen sustento sin necesidad de suministros externos, los astronautas podrían ser más autosuficientes durante sus viajes. Los organismos modificados genéticamente podrían desempeñar un papel en la terraformación de otros planetas, haciéndolos habitables para la colonización humana. El camino hacia la modificación de los organismos para que se adapten a condiciones duras no está exento de retos éticos y prácticos. No se puede pasar por alto el potencial de consecuencias no deseadas o de trastornos ecológicos imprevistos. Cualquier modificación que se haga en los organismos debe considerarse cuidadosamente y probarse a fondo para garantizar que su seguridad y sus posibles beneficios superan a los riesgos. Es necesario abordar los aspectos sociales y culturales de la modificación genética, ya que la aceptación y regulación social de estas tecnologías será crucial para su uso responsable y equitativo.

La capacidad de modificar organismos para adaptarlos a condiciones duras abre nuevas fronteras en el campo de la genética. Desde la agricultura hasta la exploración espacial, esta tecnología tiene el potencial de revolucionar numerosas industrias y remodelar el futuro de la humanidad. Al mejorar la resistencia de los cultivos, abordar los trastornos genéticos y permitir la colonización espacial, los científicos están ampliando los límites de lo que es posible en el ámbito de la ingeniería genética. Estos avances deben ir acompañados de una consideración cuidadosa y una regulación adecuada para garantizar su aplicación responsable y ética. El viaje hacia los límites de la ciencia está pavimentado con promesas y responsabilidades, y el futuro encierra un gran potencial para el campo de la modificación de organismos para adaptarlos a condiciones adversas.

EL EQUILIBRIO ECOLÓGICO Y LOS RIESGOS POTENCIALES DE LAS MODIFICACIONES GENÉTICAS

Aunque el potencial de las modificaciones genéticas y las tecnologías de edición de genes como CRISPR para curar enfermedades y remodelar el futuro de la humanidad es realmente apasionante, es importante tener en cuenta los riesgos potenciales y las implicaciones ecológicas que pueden conllevar estos avances. Una preocupación importante es la alteración del delicado equilibrio ecológico que existe en los ecosistemas naturales. Las modificaciones genéticas tienen el potencial de introducir material genético extraño en un organismo, alterando sus características y dándole potencialmente una ventaja sobre otras especies. Esto supone un riesgo importante para la biodiversidad, ya que estos organismos modificados genéticamente podrían superar en competencia y desplazar a las especies autóctonas, provocando una pérdida de diversidad genética y desestabilizando potencialmente ecosistemas enteros. El uso de modificaciones genéticas en la agricultura, como la creación de cultivos modificados genéticamente, también suscita preocupación. Aunque estos cultivos pueden tener rasgos deseables, como una mayor resistencia a las plagas o un valor nutritivo mejorado, existe la posibilidad de que tengan consecuencias no deseadas. Por ejemplo, el uso generalizado de cultivos modificados genéticamente podría conducir a la evolución de plagas resistentes, lo que haría necesarios plaguicidas aún más potentes. Esto no sólo supone riesgos para la salud humana y el medio ambiente, sino que también plantea dudas sobre la sostenibilidad de confiar en las modificaciones genéticas como solución a los retos agrícolas. Otra preocupación importante es el potencial de efectos no deseados e impredecibles de las modificaciones genéticas. Aunque los científicos han hecho avances impresionantes en la comprensión y el control de las tecnologías de edición genética, todavía hay mucho que se desconoce. Las complejas interacciones entre los genes y su entorno hacen difícil predecir con exactitud los efectos a largo plazo de las modificaciones genéticas. Esto plantea cuestiones éticas en torno a la liberación de organismos modificados genéticamente en el medio ambiente y el potencial de daños no intencionados tanto para la salud humana como para el ecosistema. La introducción de organismos modificados genéticamente en el medio ambiente también plantea cuestiones de propiedad y control. ¿Quién tiene derecho a tomar decisiones sobre la liberación de organismos modificados genéticamente en la naturaleza? ¿Y quién es responsable de controlar las posibles repercusiones y mitigar cualquier efecto negativo? Estas cuestiones se vuelven aún más complejas cuando se considera el potencial de los "impulsores genéticos", una tecnología que permite la rápida propagación de modificaciones genéticas deseables a través de las poblaciones salvajes. Aunque los impulsores genéticos tienen el potencial de combatir enfermedades como la malaria y las especies invasoras, también suscitan preocupación por la posibilidad de que se produzcan cambios ecológicos no intencionados e irreversibles. Para navegar por los riesgos potenciales y las implicaciones ecológicas de las modificaciones genéticas, es crucial dar prioridad a una investigación científica sólida y a una regulación rigurosa. Deben establecerse protocolos sólidos de evaluación de riesgos para evaluar las posibles repercusiones de las modificaciones genéticas antes de que se liberen en el medio ambiente. Esto implica no sólo evaluar los riesgos potenciales, sino también considerar cuidadosamente las implicaciones éticas y la percepción pública de estos avances.

La transparencia y la participación pública son esenciales para garantizar una toma de decisiones informada y fomentar la confianza en la comunidad científica. Es importante crear espacios en los que los expertos, los responsables políticos y el público puedan reunirse para debatir los posibles riesgos y beneficios de las modificaciones genéticas, así como las implicaciones sociales y éticas. Esto permitirá un enfoque más holístico y democrático a la hora de afrontar los complejos retos que plantean las modificaciones genéticas. Aunque los avances en genética y CRISPR encierran un inmenso potencial para mejorar la salud humana y transformar el futuro de la humanidad, es crucial abordar estos avances con cautela y responsabilidad. El equilibrio ecológico y los riesgos potenciales asociados a las modificaciones genéticas deben considerarse y regularse cuidadosamente. Si damos prioridad a una ciencia sólida, a la toma de decisiones éticas y a la transparencia, podemos aprovechar el poder de las modificaciones genéticas y garantizar al mismo tiempo la sostenibilidad y el bienestar a largo plazo de nuestro planeta. Uno de los avances más emocionantes en el campo de la genética es la llegada de las tecnologías de edición genética, en particular CRISPR. Esta innovadora herramienta, tiene el potencial de revolucionar la forma en que abordamos el tratamiento de las enfermedades, remodelar los organismos e incluso alterar el futuro de la propia humanidad. Con CRISPR, los investigadores pueden modificar con precisión el ADN de los organismos vivos, lo que les permite editar la información genética con una precisión y eficacia sin precedentes. Esta capacidad es muy prometedora para la cura y prevención de enfermedades genéticas, ya que permite la corrección selectiva de mutaciones genéticas subyacentes. Al editar el ADN de los individuos afectados, los científicos pueden eliminar potencialmente los genes causantes de enfermedades o reparar los defectuosos, ofreciendo esperanza a millones de personas que sufren trastornos genéticos. CRISPR también permite la alteración de rasgos específicos en los organismos, abriendo posibilidades para la creación de cultivos modificados genéticamente que sean más resistentes a las enfermedades o produzcan mayores rendimientos. La edición genética puede emplearse para combatir la propagación de enfermedades transmitidas por insectos, como la malaria o el virus del Zika, mediante la ingeniería de mosquitos incapaces de transmitir estas enfermedades. Las aplicaciones de CRISPR van más allá del tratamiento de enfermedades y la agricultura. Tiene el potencial de remodelar el futuro de la humanidad al ofrecernos la capacidad de modificar nuestra propia composición genética. Esto plantea profundas cuestiones éticas y preocupaciones sobre las posibles consecuencias de tales intervenciones. Mientras que algunos sostienen que deberíamos aceptar las posibilidades de mejora y modificación genética, pregonando el potencial para prevenir enfermedades y mejorar las capacidades humanas, otros temen las consecuencias a largo plazo y el potencial de uso indebido. La perspectiva de crear "bebés de diseño" que posean rasgos específicos deseados, como inteligencia o características físicas, suscita preocupación por la posibilidad de crear una clase "elitista", dejando en desventaja a quienes no tengan acceso a estas tecnologías. Las modificaciones realizadas en la línea germinal, o células reproductoras, podrían transmitirse a las generaciones futuras, lo que daría lugar a una alteración permanente del acervo genético humano. Las implicaciones éticas y sociales de las tecnologías de edición genética como CRISPR justifican, por tanto, una consideración cuidadosa y un debate público informado. A pesar de las preocupaciones éticas, no pueden pasarse por alto los beneficios potenciales de las tecnologías de edición genética como CRISPR. La capacidad de eliminar enfermedades genéticas y mejorar los rasgos asociados a una mayor calidad de vida ofrece esperanza a innumerables personas y familias afectadas por trastornos genéticos debilitantes. El campo de la edición genética tiene el potencial de revolucionar la investigación médica y el desarrollo de fármacos. Al crear modelos animales con modificaciones genéticas específicas, los científicos pueden comprender mejor los mecanismos subyacentes de las enfermedades, lo que conduce al desarrollo de tratamientos más eficaces. CRISPR puede utilizarse para desarrollar métodos más precisos y eficaces de terapia génica, lo que resulta muy prometedor para el tratamiento y la posible cura de una amplia gama de enfermedades, como el cáncer, el VIH y los trastornos genéticos. A pesar de los enormes logros que se han conseguido con las tecnologías de edición de genes, aún existen numerosos retos que deben abordarse antes de que puedan aplicarse de forma generalizada. Uno de estos retos es la cuestión de los efectos no deseados, en los que se producen modificaciones genéticas no intencionadas en zonas no relacionadas del genoma. Esto puede tener consecuencias no deseadas, que podrían conducir al desarrollo de nuevas enfermedades o efectos secundarios perjudiciales. Preocupan la seguridad y los posibles efectos a largo plazo de las modificaciones de la línea germinal. El campo de la edición genética está aún en pañales, y se necesita más investigación para comprender plenamente estos riesgos potenciales y desarrollar estrategias para mitigarlos. No obstante, no se puede negar el apasionante potencial de las tecnologías de edición genética como CRISPR. Ofrecen oportunidades sin precedentes para remodelar el futuro de la medicina, la agricultura e incluso la propia humanidad. Las implicaciones éticas y sociales de aprovechar estas capacidades deben considerarse cuidadosamente. A medida que nos aventuramos en las nuevas fronteras de la genética, es imperativo que naveguemos por este territorio inexplorado con cautela y deliberación, asegurándonos de que los beneficios de las tecnologías de edición genética superan los riesgos potenciales y de que el futuro que configuran es uno que podemos abrazar con confianza.

IX. REVOLUCIÓN AGRÍCOLA

El impacto potencial de la ingeniería genética no se limita únicamente al campo médico, ya que también tiene capacidad para revolucionar la agricultura. La revolución agrícola, al igual que la revolución médica, tiene el potencial de abordar algunos de los retos más acuciantes a los que se enfrenta la humanidad hoy en día. Con una población mundial en rápido crecimiento y unos recursos cada vez más escasos, la necesidad de prácticas agrícolas eficientes y sostenibles nunca ha sido mayor. La ingeniería genética ofrece una solución prometedora a estos retos al proporcionar los medios para mejorar el rendimiento de los cultivos, aumentar la resistencia a plagas y enfermedades, e incluso desarrollar nuevas fuentes de alimentos. Uno de los avances más significativos de la ingeniería genética agrícola es la creación de cultivos modificados genéticamente (MG). Estos cultivos se han modificado genéticamente para que presenten rasgos como un mayor rendimiento, un contenido nutricional mejorado y resistencia a plagas o herbicidas. Por ejemplo, el algodón Bt, una variedad de algodón modificada genéticamente para producir una toxina de la bacteria Bacillus thuringiensis, es muy resistente al gusano cogollero, una plaga común del algodón. Esto no sólo reduce la necesidad de pesticidas químicos, sino que también aumenta el rendimiento del algodón, beneficiando tanto a los agricultores como a los consumidores. Además de mejorar el rendimiento y la resistencia de los cultivos, la ingeniería genética también puede mejorar el contenido nutricional de los cultivos, abordando así la malnutrición y las deficiencias de nutrientes que prevalecen en muchas partes del mundo. El arroz dorado es un buen ejemplo de ello. Se trata de una variedad de arroz modificado genéticamente para producir betacaroteno, un precursor de la vitamina A. La carencia de vitamina A es una de las principales causas de ceguera y mortalidad infantil en los países en desarrollo, y el Arroz Dorado ofrece una solución potencial a este problema sanitario mundial. Al aumentar el valor nutritivo de los cultivos básicos, la ingeniería genética tiene el poder de mejorar la salud general y el bienestar de millones de personas en todo el mundo. La ingeniería genética puede emplearse para desarrollar cultivos más resistentes a los factores de estrés medioambiental, como la sequía y la salinidad, aumentando así la resistencia de los sistemas agrícolas frente al cambio climático. Introduciendo genes responsables de una mayor eficiencia en el uso del agua o de la tolerancia a la sal, los científicos pueden crear cultivos más capaces de sobrevivir y prosperar en condiciones medioambientales difíciles. Esto es especialmente importante en regiones con escasez de agua o propensas a la degradación del suelo, donde los cultivos tradicionales pueden tener dificultades para crecer. Aprovechando el poder de la ingeniería genética, podemos desarrollar cultivos adaptados a condiciones adversas, garantizando la seguridad alimentaria de las generaciones futuras. La ingeniería genética ofrece la posibilidad de desarrollar nuevas fuentes de alimentos más sostenibles y respetuosas con el medio ambiente que la agricultura tradicional. Por ejemplo, los científicos están explorando el uso de microorganismos modificados genéticamente para producir alternativas a la carne convencional. Mediante la ingeniería de microorganismos para producir proteínas con propiedades similares a las de la carne, podríamos reducir potencialmente el impacto medioambiental asociado a la ganadería, como las emisiones de gases de efecto invernadero y el uso del suelo. La ingeniería genética puede permitir la producción de cultivos con mayor contenido de aceite, que pueden utilizarse para producir biocombustibles, reduciendo así nuestra dependencia de los combustibles fósiles. Estos enfoques innovadores son muy prometedores para abordar el doble reto de la seguridad alimentaria y la sostenibilidad medioambiental. Aunque los beneficios potenciales de la ingeniería genética en la agricultura son innegables, es importante considerar las implicaciones éticas y medioambientales asociadas a estas tecnologías. La liberación de organismos modificados genéticamente en el medio ambiente puede tener consecuencias imprevistas, como la propagación de genes manipulados a poblaciones silvestres y la aparición de plagas o malas hierbas resistentes. La concentración de la modificación genética en unas pocas variedades de cultivos puede conducir a una pérdida de biodiversidad agrícola, aumentando la vulnerabilidad de nuestros sistemas agrícolas ante futuras amenazas. Es esencial que la ingeniería genética en la agricultura vaya acompañada de una evaluación rigurosa de los riesgos y de una supervisión reglamentaria para garantizar su aplicación segura y responsable. La revolución agrícola provocada por la ingeniería genética tiene el potencial de abordar algunos de los retos más acuciantes a los que se enfrenta la humanidad hoy en día. Mediante el desarrollo de cultivos modificados genéticamente, podemos aumentar el rendimiento de las cosechas, mejorar el contenido nutricional y aumentar la resistencia a las plagas y a los factores de estrés ambiental. La ingeniería genética permite crear fuentes de alimentos novedosas y sostenibles. Es imperativo que procedamos con cautela y consideremos las implicaciones éticas y medioambientales asociadas a estas tecnologías. Si lo hacemos, podremos aprovechar el poder de la ingeniería genética para construir un futuro más sostenible y con seguridad alimentaria para todos.

EDICIÓN GENÉTICA PARA LA MEJORA DE CULTIVOS

La edición genética encierra un inmenso potencial para la mejora de los cultivos y ya ha empezado a revolucionar la agricultura. Utilizando CRISPR-Cas9, los científicos pueden alterar con precisión el ADN de los cultivos, lo que da lugar a rasgos mejorados como la resistencia a las enfermedades, el aumento del valor nutricional y la mejora del rendimiento. Un excelente ejemplo de ello es el desarrollo de trigo resistente al oídio, logrado mediante la introducción de un gen procedente de un pariente silvestre. Este avance no sólo ofrece una solución sostenible para combatir una enfermedad común del trigo, sino que también reduce la necesidad de pesticidas químicos, haciendo que la agricultura sea más respetuosa con el medio ambiente. Las técnicas de edición genética pueden emplearse para abordar los retos de la seguridad alimentaria mundial. Los científicos han editado con éxito un gen del maíz, lo que ha permitido aumentar su rendimiento en un 50%. Este notable logro tiene el potencial de aliviar en gran medida el hambre y la malnutrición en todo el mundo. La edición genética también puede utilizarse para hacer frente a los efectos del cambio climático en los cultivos. Modificando los genes responsables de la tolerancia a la sequía o la resistencia al calor, los cultivos pueden diseñarse para soportar condiciones ambientales duras, garantizando una producción estable de alimentos frente al aumento de las temperaturas y los patrones climáticos erráticos. La edición genética para la mejora de los cultivos no sólo presenta resultados prometedores, sino también consideraciones éticas. Los críticos argumentan que la manipulación del ADN suscita preocupación por las consecuencias no deseadas sobre los ecosistemas y la biodiversidad. La posible fuga de organismos modificados genéticamente a la naturaleza podría tener efectos irreversibles en los ecosistemas naturales. La patente de cultivos editados genéticamente por parte de las empresas agroalimentarias podría exacerbar la desigualdad global y obstaculizar el acceso de los pequeños agricultores a estas tecnologías. Por tanto, es crucial evaluar y regular cuidadosamente las prácticas de edición genética para garantizar su aplicación responsable y equitativa en la agricultura. La aceptación pública y el diálogo informado son esenciales para abordar las preocupaciones y temores asociados a la manipulación genética y la edición de genes. Las iniciativas de participación pública deben tener como objetivo educar a la gente sobre los beneficios, los riesgos potenciales y las implicaciones éticas de la edición genética para la mejora de los cultivos.

El establecimiento de marcos reguladores transparentes que impliquen la aportación de diversas partes interesadas puede ayudar a salvaguardar contra el posible uso indebido o las consecuencias no deseadas de estas tecnologías. A pesar de los retos y las consideraciones éticas, la edición genética para la mejora de los cultivos representa un gran avance en el campo de la agricultura que encierra inmensas promesas. Aprovechando el poder de la edición genética, podemos abordar problemas acuciantes como las enfermedades de los cultivos, la inseguridad alimentaria y los efectos del cambio climático en la productividad agrícola. El potencial para mejorar los rasgos de los cultivos con precisión y eficacia puede allanar el camino hacia sistemas agrícolas sostenibles y resistentes. Las técnicas de edición genética pueden contribuir a reducir la huella medioambiental de la agricultura, mediante mejoras selectivas de los rasgos de los cultivos que minimicen la necesidad de insumos químicos y mejoren la eficiencia en el uso de los recursos. La edición genética para la mejora de los cultivos puede desempeñar un papel fundamental para garantizar la seguridad alimentaria mundial y el desarrollo agrícola sostenible. A medida que nos adentramos en las nuevas fronteras de la genética, es esencial adoptar prácticas responsables y éticas que den prioridad al bienestar tanto de los seres humanos como del medio ambiente. Con una investigación científica rigurosa, marcos reguladores transparentes y un compromiso público inclusivo, podemos aprovechar el poder de la edición genética para dar forma a un futuro en el que la agricultura no sólo sea productiva, sino también sostenible y equitativa. Las posibilidades que ofrece la edición genética son realmente apasionantes, y mientras continúa el viaje hacia los límites de la ciencia, debemos permanecer vigilantes en nuestra búsqueda de un futuro que equilibre la innovación con una cuidadosa consideración y responsabilidad.

CREAR PLANTAS RESISTENTES A LAS ENFERMEDADES MEDIANTE INGENIERÍA GENÉTICA

La creación de plantas resistentes a las enfermedades mediante ingeniería genética es un área de investigación prometedora que puede revolucionar la agricultura y la seguridad alimentaria. A medida que la población mundial sigue creciendo, aumenta la demanda de variedades de cultivos más sostenibles y resistentes que puedan soportar el estrés medioambiental, las plagas y las enfermedades. La ingeniería genética ofrece una poderosa herramienta para lograrlo, al introducir genes específicos en las plantas que confieren resistencia a diversos patógenos. Un ejemplo es el desarrollo de cultivos modificados genéticamente (MG) como el maíz Bt, que expresa una toxina derivada de la bacteria Bacillus thuringiensis para proteger contra las plagas de insectos. Al incorporar estos genes al ADN de las plantas, los científicos pueden eliminar eficazmente la necesidad de pesticidas químicos nocivos, haciendo que la agricultura sea más respetuosa con el medio ambiente y reduciendo los riesgos para la salud asociados a la exposición a los pesticidas. La ingeniería genética puede utilizarse para mejorar el sistema inmunitario de las plantas, haciéndolas más resistentes a las enfermedades causadas por bacterias, hongos y virus. Por ejemplo, los científicos han manipulado con éxito genes de resistencia en cultivos como la patata, el tomate y el plátano, proporcionándoles una mayor protección contra patógenos devastadores que pueden causar importantes pérdidas de cosechas. Este enfoque tiene el potencial de mejorar enormemente la seguridad alimentaria mundial, reduciendo las pérdidas de rendimiento y garantizando un suministro constante de cultivos nutritivos. La ingeniería genética puede ayudar a combatir enfermedades de las plantas que son difíciles de controlar mediante métodos de cultivo convencionales. Por ejemplo, el enverdecimiento de los cítricos, una enfermedad bacteriana que afecta a los cítricos, ha causado una devastación generalizada en muchas partes del mundo, provocando pérdidas económicas de miles de millones de dólares. Mediante técnicas de ingeniería genética, los científicos han podido desarrollar cítricos modificados genéticamente resistentes a esta enfermedad. Estos árboles resistentes a la enfermedad no sólo ofrecen una solución a la industria de los cítricos, sino que también sirven de modelo para otros cultivos que se enfrentan a retos similares. La ingeniería genética también puede ayudar a hacer frente a las amenazas emergentes que plantea el cambio climático. A medida que el clima mundial sigue cambiando, los agricultores se enfrentan a patrones meteorológicos cada vez más impredecibles, como la sequía, las olas de calor y el frío extremo. Estas tensiones medioambientales pueden tener efectos perjudiciales sobre la productividad y el rendimiento de los cultivos. Mediante la ingeniería genética, los científicos pueden introducir genes que confieran tolerancia a estas tensiones, permitiendo a las plantas prosperar en condiciones adversas. Por ejemplo, los investigadores han conseguido mejorar la tolerancia del arroz a la sequía, permitiéndole sobrevivir en regiones propensas a la escasez de agua. Del mismo modo, la ingeniería genética se ha utilizado para desarrollar cultivos capaces de soportar temperaturas extremas, garantizando un suministro estable de alimentos frente a la incertidumbre climática. La creación de plantas resistentes a las enfermedades mediante ingeniería genética es muy prometedora para mejorar la agricultura y la seguridad alimentaria. Introduciendo genes que confieren resistencia a los patógenos y a las tensiones ambientales, los científicos pueden desarrollar variedades de cultivos más resistentes y productivas. Esta tecnología no sólo reduce la dependencia de los pesticidas químicos, sino que también ayuda a combatir las enfermedades emergentes de las plantas y a mitigar los efectos del cambio climático. Es importante proceder con cautela y asegurarse de que se realizan evaluaciones de riesgo exhaustivas para abordar cualquier posible problema ecológico o sanitario asociado a los cultivos modificados genéticamente. No obstante, con los continuos avances de la genética y las tecnologías CRISPR, el futuro de las plantas resistentes a las enfermedades parece brillante y ofrece nuevas oportunidades para transformar la agricultura y garantizar un futuro sostenible para la humanidad.

EL IMPACTO SOBRE LA SEGURIDAD ALIMENTARIA MUNDIAL Y LAS PRÁCTICAS AGRÍCOLAS

La edición genética y la tecnología CRISPR tienen el potencial de revolucionar la seguridad alimentaria mundial y las prácticas agrícolas. Estos avances ofrecen soluciones prometedoras a los acuciantes retos a los que se enfrentan los agricultores y la creciente población mundial. Al mejorar los rasgos de las plantas, como el rendimiento, la resistencia a las enfermedades y el contenido nutricional, la edición genética puede aumentar la productividad de los cultivos y reducir la dependencia de los pesticidas y fertilizantes químicos. Una de las principales preocupaciones de la seguridad alimentaria mundial es la necesidad de producir más alimentos para alimentar a la creciente población. Con la previsión de que la población mundial alcance los 9.700 millones en 2050, los métodos de cultivo tradicionales por sí solos pueden no ser suficientes para satisfacer esta demanda. La edición genética y la tecnología CRISPR abren nuevas posibilidades para aumentar el rendimiento de los cultivos sin necesidad de una gran expansión de la tierra. Mediante modificaciones selectivas, los científicos pueden mejorar los rasgos genéticos responsables del crecimiento y la productividad de las plantas, lo que conduce a un mayor rendimiento de los cultivos por unidad de tierra. Este aumento de la productividad puede desempeñar un papel vital para garantizar la seguridad alimentaria, especialmente en regiones donde los recursos agrícolas son limitados. Además de aumentar el rendimiento de los cultivos, la edición genética también puede resolver problemas relacionados con las enfermedades y plagas de las plantas. Las técnicas tradicionales de cultivo suelen tardar mucho tiempo en desarrollar variedades resistentes a las enfermedades, lo que dificulta una respuesta eficaz a las amenazas emergentes. El uso excesivo de pesticidas y fertilizantes químicos ha provocado la contaminación del medio ambiente y efectos adversos en la salud humana. La edición genética ofrece un método preciso y eficaz para introducir rasgos de resistencia a las enfermedades en los cultivos, minimizando la necesidad de intervenciones químicas. Editando genes específicos responsables de la susceptibilidad a las enfermedades, los investigadores pueden desarrollar plantas naturalmente resistentes a los patógenos, reduciendo el riesgo de pérdidas de cosechas y minimizando el impacto medioambiental de los tratamientos químicos. La edición genética puede mejorar el contenido nutricional de los cultivos, ofreciendo soluciones potenciales para abordar la malnutrición y las deficiencias de nutrientes. Muchos cultivos básicos carecen de nutrientes importantes necesarios para la salud humana, lo que provoca una malnutrición generalizada en los países en desarrollo. Modificando con precisión los genes responsables del contenido de nutrientes, la edición genética puede mejorar el valor nutricional de los cultivos, garantizando una dieta más equilibrada para las poblaciones que dependen de estos alimentos básicos. Por ejemplo, los científicos han utilizado CRISPR-Cas9 para editar los genes del arroz con el fin de aumentar su contenido de vitamina A, abordando la deficiencia de vitamina A que prevalece en muchos países en desarrollo. Estos avances en la biofortificación de los cultivos pueden tener un impacto significativo en la salud y la nutrición mundiales, sobre todo para las poblaciones vulnerables que dependen en gran medida de determinados cultivos para su sustento. A pesar del inmenso potencial de la edición genética en la agricultura, hay consideraciones éticas y normativas que deben tenerse en cuenta. Las consecuencias de los cambios no intencionados o los efectos no deseados derivados de la edición genética requieren una evaluación cuidadosa, sobre todo en lo que respecta a las repercusiones a largo plazo sobre la biodiversidad y la estabilidad de los ecosistemas. El potencial de uso indebido de la tecnología de edición genética suscita preocupación sobre los organismos modificados genéticamente (OMG) y la aceptación de estos productos por parte de los consumidores. Es necesario abordar la accesibilidad y asequibilidad de la tecnología de edición genética, especialmente en regiones con recursos limitados, para garantizar la distribución equitativa de los beneficios en todo el mundo. La edición genética y la tecnología CRISPR tienen el potencial de revolucionar la seguridad alimentaria mundial y las prácticas agrícolas. Al aumentar el rendimiento de los cultivos, aumentar la resistencia a las enfermedades y mejorar el contenido nutricional, estos avances ofrecen soluciones prometedoras a los retos a los que se enfrentan los agricultores y la creciente población. Las consideraciones éticas, normativas y de accesibilidad deben abordarse cuidadosamente para garantizar el despliegue responsable y equitativo de esta tecnología. La edición genética tiene el poder de remodelar el futuro de la agricultura, ofreciendo soluciones sostenibles y eficientes para alimentar a la población mundial y minimizando al mismo tiempo el impacto medioambiental de las prácticas agrícolas convencionales. Este apasionante campo representa una nueva frontera que puede desbloquear el potencial de un futuro más seguro y sostenible para la humanidad. La edición de genes y la tecnología CRISPR han revolucionado el mundo de la genética, abriendo nuevas posibilidades y fronteras que antes se consideraban meros vuelos de la imaginación. Con su potencial para curar enfermedades, cambiar organismos y remodelar el futuro de la humanidad, estos avances nos han impulsado hacia una nueva y emocionante era de exploración científica. En el centro de esta revolución se encuentra el extraordinario poder de CRISPR-Cas9, una herramienta de edición genética que permite a los científicos modificar con precisión las secuencias de ADN. Esta tecnología revolucionaria promete erradicar los defectos genéticos y las enfermedades corrigiendo los genes defectuosos en su origen. Al dirigirse a secciones específicas del ADN, CRISPR permite la manipulación y el ajuste fino de la información genética, lo que lleva a la posibilidad de prevenir afecciones como la fibrosis quística, la enfermedad de Huntington e incluso algunos tipos de cáncer. Tales perspectivas no son nada menos que asombrosas, ya que allanan el camino hacia un futuro en el que los trastornos genéticos anteriormente intratables podrían llegar a ser curables, transformando las vidas de millones de personas en todo el mundo. Sin embargo, el potencial de CRISPR va mucho más allá del ámbito de la salud humana. Esta poderosa herramienta tiene la capacidad de remodelar el mundo natural, permitiendo a los científicos modificar los genes de animales y plantas. Al alterar con precisión las secuencias de ADN, los investigadores esperan crear cultivos más resistentes y productivos, capaces de soportar el cambio climático y alimentar a una población mundial en constante crecimiento. Se abre la posibilidad de manipular genéticamente animales para que produzcan recursos valiosos, o incluso de erradicar especies invasoras que amenazan los ecosistemas. Las implicaciones para nuestro medio ambiente y nuestra seguridad alimentaria son inmensas, y ofrecen un rayo de esperanza ante los crecientes retos mundiales. No son sólo las aplicaciones prácticas de la edición genética las que han cautivado la imaginación de científicos y público por igual. CRISPR ha suscitado debates éticos y morales, planteando profundas cuestiones sobre los límites de la interferencia humana en el orden natural de la vida. Aunque los beneficios potenciales de la edición genética son enormes, también existe la preocupación de que manipular los componentes fundamentales de la vida pueda tener consecuencias imprevistas. La capacidad de modificar la composición genética de los organismos abre las puertas a mejoras genéticas deliberadas, lo que hace temer un mundo de bebés de diseño y desigualdad genética. Este lado oscuro de la edición genética plantea cuestiones sobre la ética de alterar el genoma humano con fines no médicos, y sobre si tales prácticas conducirían a un mundo dividido entre los que pueden permitirse mejoras genéticas y los que no. A la luz de estas preocupaciones, se necesitan marcos éticos y normativas sólidas para garantizar que la edición genética se utilice de forma responsable y por el bien de la humanidad. A medida que nos adentramos en el territorio desconocido de la edición genética y la tecnología CRISPR, también debemos abordar el impacto que tienen en nuestra comprensión de lo que significa ser humano. La capacidad de alterar nuestra huella genética desafía nuestra percepción de la naturaleza y cuestiona los límites de nuestra agencia sobre nuestra propia existencia. Esto nos lleva a reflexionar sobre las viejas cuestiones filosóficas de la identidad y el libre albedrío, ya que nos enfrentamos a la idea de que nuestra composición genética puede dar forma a lo que somos en mayor medida de lo que pensábamos. Al mismo tiempo, la aparición de la edición genética plantea la posibilidad de reescribir el propio código de la vida, acercándonos más que nunca al reino de la ciencia ficción. Presenta una visión tentadora de un futuro en el que podemos controlar nuestra evolución, mejorando nuestras capacidades físicas y cognitivas y creando una nueva raza de humanos. Esta visión viene acompañada de su propio conjunto de dilemas éticos y existenciales, a medida que navegamos por el incierto camino de alterar nuestra propia especie. Las fronteras de la genética y la tecnología CRISPR ofrecen una tentadora visión de un futuro que es a la vez estimulante y plagado de complejidades éticas. El potencial para curar enfermedades, remodelar nuestro medio ambiente y redefinir lo que significa ser humano pende de un hilo. Mientras seguimos ampliando los límites del conocimiento científico, es imperativo que abordemos la edición genética con cautela, equilibrando las promesas de progreso con la necesidad de una investigación responsable y ética. El viaje al límite de la ciencia nos llama, y depende de nosotros asegurarnos de que navegamos por esta nueva frontera con sabiduría, previsión y compromiso con el bienestar de todos.

X. LA BRECHA SOCIOECONÓMICA

La brecha socioeconómica plantea retos importantes para la distribución equitativa de los beneficios y el acceso a las nuevas fronteras de la genética, como la edición de genes y la tecnología CRISPR. Aunque estos avances son inmensamente prometedores para curar enfermedades, cambiar organismos y remodelar el futuro de la humanidad, es posible que su impacto potencial no llegue a todos los segmentos de la sociedad. El elevado coste de las terapias y tecnologías genéticas a menudo las hace inaccesibles para las personas de entornos socioeconómicos más bajos. Esto crea una brecha entre los que pueden permitirse esos tratamientos y los que no, lo que agrava aún más las desigualdades existentes en la atención sanitaria. La falta de concienciación y educación sobre estos avances en genética también puede contribuir a la brecha socioeconómica. Es más probable que las personas de entornos privilegiados tengan acceso a información, recursos y oportunidades que les permitan mantenerse al día de los últimos avances científicos. Por otra parte, los individuos de comunidades marginadas pueden carecer de acceso a los mismos recursos y oportunidades, lo que limita su capacidad para beneficiarse del campo de la genética y contribuir a él. Como resultado, la brecha socioeconómica sirve de barrera a la plena democratización de los avances genéticos, planteando cuestiones sobre las implicaciones éticas del acceso desigual a tratamientos e intervenciones potencialmente salvadores de vidas. También pone de relieve la necesidad urgente de políticas e iniciativas que tengan como objetivo salvar esta brecha y garantizar la distribución equitativa de los beneficios. Si se abordan los factores socioeconómicos que perpetúan la brecha, quizá sea posible crear un panorama genético más inclusivo y accesible que beneficie a toda la humanidad, independientemente de sus circunstancias socioeconómicas. La brecha socioeconómica también tiene implicaciones para el futuro de la investigación y la innovación genéticas. La falta de diversidad entre investigadores y científicos de distintos entornos socioeconómicos puede limitar las perspectivas y los conocimientos aportados al campo. Esta homogeneidad en la comunidad científica puede dar lugar a un enfoque sesgado sobre determinadas enfermedades e intervenciones genéticas que son más relevantes para las personas de grupos socioeconómicos más altos. En consecuencia, las necesidades y preocupaciones de las comunidades marginadas pueden pasarse por alto o estar infrarrepresentadas en la investigación genética y sus aplicaciones. Para aprovechar plenamente el potencial de la genética y CRISPR en la mejora de la salud y el bienestar humanos, es crucial fomentar la diversidad y la inclusión en la comunidad científica. Promoviendo la igualdad de oportunidades para que personas de todos los entornos socioeconómicos sigan carreras en genética y campos afines, podemos garantizar que se incorporen perspectivas diversas a la investigación y a los procesos de toma de decisiones. Esto ayudará a identificar y abordar los retos genéticos únicos a los que se enfrentan las comunidades marginadas, permitiendo así intervenciones más adaptadas y eficaces. La brecha socioeconómica también se cruza con otros factores como la raza, la etnia y el sexo, lo que complica aún más la cuestión. Los grupos marginados se enfrentan a menudo a múltiples formas de discriminación que limitan su acceso a la educación, la atención sanitaria y las oportunidades de empleo, exacerbando la brecha socioeconómica. Reconocer y abordar estos sistemas de opresión entrelazados es esencial para promover un acceso equitativo a las nuevas fronteras de la genética. La brecha socioeconómica supone un reto importante para la distribución equitativa de los beneficios y el acceso al apasionante mundo de la genética y la tecnología CRISPR. Los elevados costes y la falta de concienciación sobre los avances genéticos crean barreras que afectan desproporcionadamente a las personas de entornos socioeconómicos más bajos. Para salvar esta brecha, es crucial poner en marcha políticas e iniciativas destinadas a democratizar los avances genéticos y promover la inclusión en la comunidad científica. Al abordar los factores socioeconómicos que perpetúan las desigualdades, podemos crear un panorama genético más equitativo y accesible que beneficie a toda la humanidad. Fomentar la diversidad y la inclusión en la investigación genética es crucial para garantizar que se incorporan perspectivas diversas a los procesos de toma de decisiones y para identificar los retos genéticos únicos a los que se enfrentan las comunidades marginadas. Abordar la brecha socioeconómica no es sólo un imperativo ético, sino también esencial para aprovechar todo el potencial de la genética y la tecnología CRISPR en la mejora de la salud y el bienestar humanos.

ACCESIBILIDAD Y ASEQUIBILIDAD DE LAS TECNOLOGÍAS DE EDICIÓN GENÉTICA

La accesibilidad y asequibilidad de las tecnologías de edición genética, como CRISPR, es un tema de preocupación y oportunidad. Aunque estos nuevos avances en genética tienen el potencial de revolucionar la asistencia sanitaria y la biotecnología, también existen implicaciones éticas y sociales que deben abordarse. Por un lado, la mayor accesibilidad y asequibilidad de las tecnologías de edición genética pueden democratizar el acceso a la asistencia sanitaria y dar lugar a avances significativos en el tratamiento y la prevención de enfermedades genéticas. Actualmente, el coste de las tecnologías de edición genética puede ser prohibitivo, lo que las hace inaccesibles para muchas personas y comunidades. A medida que la tecnología mejore y se generalice su disponibilidad, se espera que los costes disminuyan. Esto abre la posibilidad de una adopción y un uso más amplios de las tecnologías de edición genética, permitiendo una mayor equidad en la asistencia sanitaria. La asequibilidad puede facilitar la utilización de las tecnologías de edición genética en los países en desarrollo, donde las enfermedades genéticas son frecuentes pero los recursos son limitados. El impacto potencial en la salud pública es significativo, ya que estas tecnologías tienen el potencial de erradicar las enfermedades genéticas y mejorar significativamente la calidad y longevidad de la vida de innumerables individuos. Por otra parte, la accesibilidad y asequibilidad de las tecnologías de edición genética suscitan importantes preocupaciones éticas. Con el potencial de alterar el genoma humano, surgen cuestiones de consentimiento, privacidad y el potencial de consecuencias no deseadas. Es esencial que se establezcan marcos reguladores rigurosos para garantizar que estas tecnologías se utilicen de forma responsable y con el máximo respeto por los derechos humanos y la dignidad. Las implicaciones de las tecnologías de edición genética también van más allá de la asistencia sanitaria. Tienen el potencial de remodelar el futuro de la humanidad de formas que antes eran inimaginables. Esto presenta tanto oportunidades apasionantes como retos sobrecogedores. Al alterar la composición genética de los organismos, las tecnologías de edición genética pueden crear potencialmente nuevas especies más resistentes a las enfermedades, más resilientes a los cambios medioambientales y más eficientes en diversas industrias como la agricultura y la producción de energía. Por ejemplo, la edición genética podría utilizarse para crear cultivos resistentes a la sequía o a las plagas, aumentando así el rendimiento y mejorando la seguridad alimentaria. Del mismo modo, podría utilizarse para diseñar microorganismos capaces de producir biocombustibles, reduciendo la dependencia de los combustibles fósiles y mitigando el cambio climático. Estos avances también suscitan preocupación por las consecuencias no deseadas y los riesgos potenciales para los ecosistemas. Los efectos a largo plazo de los organismos modificados genéticamente sobre el medio ambiente no se conocen del todo, y es crucial llevar a cabo investigaciones exhaustivas y evaluaciones de riesgos. La posibilidad de alterar el genoma humano plantea cuestiones morales y éticas sobre lo que significa ser humano y los límites de la intervención científica. ¿Las tecnologías de edición genética conducirán a un futuro en el que las mejoras genéticas sean la norma? ¿Existirá una división entre los que pueden permitirse mejoras genéticas y los que no? Estas preguntas sacan a la luz la necesidad de debates más amplios y de un compromiso público sobre las dimensiones éticas, sociales y filosóficas de las tecnologías de edición genética. La accesibilidad y asequibilidad de las tecnologías de edición genética, como CRISPR, tienen el potencial de revolucionar la atención sanitaria y la biotecnología, con la posibilidad de curar enfermedades, cambiar organismos y remodelar el futuro de la humanidad. Aunque la mayor accesibilidad y asequibilidad de estas tecnologías puede conducir a avances significativos y democratizar el acceso a la atención sanitaria, también plantean importantes problemas éticos que deben abordarse. Es crucial garantizar que estas tecnologías se utilicen de forma responsable, con marcos reguladores rigurosos que protejan los derechos humanos y la dignidad. Las implicaciones de las tecnologías de edición genética van más allá de la asistencia sanitaria, planteando cuestiones sobre su impacto en los ecosistemas, la seguridad alimentaria y la propia naturaleza del ser humano. A medida que nos adentramos en el apasionante mundo de la genética y CRISPR, es esencial que abordemos estas nuevas fronteras con una perspectiva equilibrada, considerando tanto las enormes oportunidades como los riesgos potenciales que entrañan.

IMPLICACIONES DEL ACCESO DESIGUAL A LOS AVANCES EN EDICIÓN GENÉTICA

Las implicaciones del acceso desigual a los avances de la edición genética son múltiples y complejas. Una consecuencia significativa es la exacerbación de las desigualdades sociales y económicas existentes. Las tecnologías de edición genética tienen el potencial de curar enfermedades y mejorar las capacidades humanas, pero si sólo unos pocos elegidos tienen acceso a estos avances, sólo se ampliará la brecha entre los que tienen y los que no tienen. En un mundo en el que puedan utilizarse mejoras genéticas para aumentar la inteligencia, la fuerza física o el atractivo, las personas sin acceso a estas tecnologías estarían en una situación de desventaja significativa, perpetuando las desigualdades sociales basadas en factores genéticos. Esto podría tener graves consecuencias para la movilidad social y empeorar las disparidades existentes. El acceso desigual a la edición genética también podría dar lugar al surgimiento de una élite genética, una clase de individuos que se han sometido a amplias mejoras genéticas. Esto podría conducir a la creación de un grupo privilegiado que posea habilidades y rasgos superiores, ampliando de hecho la brecha entre ellos y el resto de la sociedad. Esta situación plantea problemas éticos relacionados con la equidad, la justicia y la igualdad. Se podría argumentar que el acceso desigual a la tecnología de edición genética socava los principios de la meritocracia y la igualdad de oportunidades, ya que el éxito y los logros vienen determinados cada vez más por factores genéticos que por el esfuerzo o el talento individual. Esto podría tener profundas implicaciones para la cohesión social y el funcionamiento general de la sociedad.

El acceso desigual a la edición genética también podría dar lugar a nuevas formas de discriminación y estigmatización. A medida que se generalicen las mejoras genéticas, quienes no tengan acceso a estas tecnologías podrían sufrir marginación y exclusión social. Podrían ser vistos como genéticamente inferiores o desfavorecidos, lo que daría lugar a discriminación y prejuicios. Esto podría perpetuar las formas existentes de discriminación basadas en la raza, el sexo o el estatus socioeconómico, y contribuir al desarrollo de una nueva forma de discriminación conocida como "discriminación genética". Esto podría tener implicaciones significativas para el bienestar individual y la salud psicológica, ya que quienes no tienen acceso a las tecnologías de edición genética pueden percibirse a sí mismos como intrínsecamente inferiores o inadecuados. Otra profunda implicación del acceso desigual a los avances de la edición genética es la posibilidad de un sistema sanitario de dos niveles. Si las tecnologías de edición genética se comercializan y sólo están disponibles para quienes pueden permitírselas, podría producirse una brecha sanitaria en la que los ricos tuvieran acceso a tratamientos que mejoran la vida, mientras que los pobres se quedaran atrás. Esto podría agravar aún más las disparidades sanitarias, ya que a quienes no tienen acceso a las tecnologías de edición genética se les podrían negar los beneficios de las mejoras genéticas y la medicina personalizada. Esto plantea importantes cuestiones sobre las responsabilidades éticas y morales de los gobiernos y los sistemas sanitarios para garantizar un acceso equitativo a estos avances. El acceso desigual a los avances de la edición genética también podría tener implicaciones para la sostenibilidad medioambiental y la biodiversidad. A medida que se modifican y alteran genéticamente los organismos, existe el riesgo de que se produzcan consecuencias imprevistas y alteraciones ecológicas. Si sólo unos pocos elegidos tienen acceso a estas tecnologías, podrían manipular y modificar organismos sin tener en cuenta el impacto ecológico más amplio. Esto podría conducir a la pérdida de biodiversidad, a la propagación de especies invasoras o a la creación de organismos modificados genéticamente inadaptados a su entorno. Por tanto, es crucial garantizar que los beneficios y los riesgos de las tecnologías de edición genética estén equilibrados y que los procesos de toma de decisiones que implican modificaciones genéticas sean transparentes e inclusivos. Las implicaciones del acceso desigual a los avances de la edición genética son de gran alcance y polifacéticas. Desde la exacerbación de las desigualdades sociales y económicas, pasando por la creación de una élite genética y la perpetuación de la discriminación, hasta el menoscabo de la igualdad en la atención sanitaria y la sostenibilidad ecológica, el acceso desigual a la edición genética plantea retos importantes para la sociedad. Es crucial considerar las implicaciones éticas, sociales y medioambientales de estos avances y garantizar que el acceso a las tecnologías de edición genética sea equitativo y justo. Sólo así podremos aprovechar el potencial de la edición genética en beneficio de toda la humanidad, y no de unos pocos elegidos.

EQUILIBRAR LAS VENTAJAS CON LAS POSIBLES DISPARIDADES Y DISCRIMINACIONES

Aunque los avances de la genética y la tecnología CRISPR ofrecen inmensas posibilidades para el progreso de la medicina y la mejora de las vidas humanas, es crucial abordar las posibles disparidades y discriminaciones que pueden derivarse de estos avances. Una de las principales preocupaciones es la accesibilidad de estas tecnologías a todos los segmentos de la sociedad. A medida que se desarrollen y perfeccionen las técnicas de edición genética, es imperativo que sean accesibles a todos, independientemente de su situación socioeconómica o ubicación geográfica. Dados los costes potencialmente elevados asociados a estos procedimientos y tratamientos avanzados, existe el riesgo de que sólo algunos grupos privilegiados tengan acceso a estas ventajas, mientras que otros se quedan atrás. Esto podría exacerbar las desigualdades sociales y sanitarias existentes y conducir a una mayor marginación de determinadas comunidades.

Otra cuestión importante a tener en cuenta es el potencial de discriminación genética. A medida que adquirimos la capacidad de modificar el genoma humano, surgen preguntas sobre las repercusiones de tales modificaciones en los valores, normas y percepciones sociales. La discriminación basada en rasgos genéticos podría convertirse en una realidad, en la que ciertos individuos fueran estigmatizados o marginados debido a su composición genética. Esto podría llevar a la creación de una subclase genética, en la que los individuos que no se han beneficiado de mejoras genéticas fueran considerados inferiores o menos deseables. Este tipo de discriminación no sólo sería éticamente problemática, sino que también podría tener consecuencias sociales perjudiciales, ampliando aún más las divisiones dentro de la sociedad. Existen importantes consideraciones éticas cuando se trata de la edición genética y su impacto en las generaciones futuras. Aunque la tecnología CRISPR nos permite realizar modificaciones selectivas en el ADN de las personas, estos cambios también pueden transmitirse a las generaciones futuras mediante la edición de la línea germinal. Esto plantea interrogantes sobre los posibles efectos a largo plazo y las consecuencias imprevistas de tales intervenciones. Debemos considerar detenidamente las implicaciones de alterar permanentemente la composición genética de nuestra especie, ya que puede tener efectos profundos e irreversibles en las generaciones futuras. No es sólo una cuestión de elección individual, sino también una responsabilidad colectiva garantizar que las decisiones que tomemos hoy no pongan en peligro el bienestar y la autonomía de los que vengan después de nosotros. Es necesario un marco regulador global para abordar estas posibles disparidades y discriminaciones. Los gobiernos y los organismos internacionales deben colaborar para establecer directrices y normas que garanticen la distribución equitativa de las tecnologías de edición genética e impidan cualquier forma de discriminación genética. Esto requeriría la participación activa de los responsables políticos, los científicos y los especialistas en ética para lograr el delicado equilibrio entre el progreso científico y la responsabilidad social. Es necesario un sistema sólido de controles y equilibrios para evitar los abusos de estas tecnologías y salvaguardar los derechos y la dignidad de todas las personas. La educación y la concienciación pública también desempeñan un papel crucial a la hora de abordar estas preocupaciones. A medida que la sociedad es más consciente de los beneficios y riesgos potenciales asociados a la genética y a la tecnología CRISPR, es importante fomentar un discurso público informado que permita escuchar una amplia gama de perspectivas. Esto ayudaría a garantizar que las decisiones sobre el uso de estas tecnologías se tomen con las aportaciones y la representación adecuadas de todas las partes interesadas afectadas. Los programas educativos deben tener como objetivo promover una comprensión matizada de la genética y la edición genética, disipando ideas erróneas y mitos que podrían contribuir a la discriminación y la estigmatización. Aunque los avances en genética y la tecnología CRISPR ofrecen un enorme potencial para mejorar la vida humana, es crucial abordar las posibles disparidades y discriminaciones que pueden acompañar a estos avances. Garantizar un acceso equitativo a estas tecnologías, evitar la discriminación genética y considerar cuidadosamente los efectos a largo plazo sobre las generaciones futuras son factores vitales para navegar por el apasionante y complejo mundo de la edición genética. Mediante un marco regulador exhaustivo y una educación pública generalizada, podemos esforzarnos por cosechar los beneficios de estas tecnologías, salvaguardando al mismo tiempo los principios fundamentales de igualdad y justicia. Es nuestra responsabilidad colectiva dar forma al futuro de la humanidad de un modo que sea integrador, ético y respetuoso con la diversidad de las personas y las comunidades.

El campo de la genética ha experimentado enormes avances en los últimos años, con el desarrollo de técnicas de edición de genes como CRISPR, que allanan el camino a un sinfín de posibilidades apasionantes. CRISPR, es una revolucionaria herramienta de edición genética que permite a los científicos realizar cambios precisos en el ADN de un organismo. Esta revolucionaria tecnología tiene el potencial de curar enfermedades, cambiar la composición de los organismos e incluso remodelar el futuro de la propia humanidad. Una de las aplicaciones más prometedoras de CRISPR es su potencial para curar enfermedades genéticas. Los trastornos genéticos están causados por mutaciones o anomalías en el ADN de un individuo, y a menudo pueden provocar graves problemas de salud y reducir la calidad de vida. Tradicionalmente, el tratamiento de las enfermedades genéticas ha sido una tarea difícil y compleja, con un éxito limitado. Con la llegada de CRISPR, los científicos disponen ahora de una poderosa herramienta para atacar y editar directamente los genes defectuosos responsables de estos trastornos. Imagina un futuro en el que enfermedades como la fibrosis quística, la anemia falciforme o la enfermedad de Huntington puedan curarse mediante una simple intervención genética. CRISPR ya se ha mostrado prometedor en ensayos preclínicos para estos y otros muchos trastornos genéticos. Mediante el uso de esta tecnología revolucionaria, los científicos han podido editar los genes de las células afectadas y corregir las causas genéticas subyacentes de estas enfermedades. Esto ofrece esperanza a las personas que sufren actualmente trastornos genéticos y presenta una posible cura para las generaciones futuras. Otra aplicación fascinante de CRISPR es su capacidad para cambiar el ADN de los organismos, incluidas las plantas y los animales. Esto abre todo un nuevo abanico de posibilidades, desde la creación de cultivos resistentes a las enfermedades hasta la ingeniería de animales con rasgos deseables. Por ejemplo, CRISPR podría utilizarse para desarrollar cultivos modificados genéticamente más resistentes a plagas y enfermedades, reduciendo la necesidad de pesticidas y herbicidas nocivos. Tales avances en la agricultura podrían ayudar a abordar los retos de la seguridad alimentaria mundial y contribuir a un futuro más sostenible. La posibilidad de modificar genéticamente a los animales tiene implicaciones de gran alcance en campos como la medicina y la conservación. Los científicos pueden utilizar CRISPR para modificar el ADN de los animales, haciéndolos más resistentes a las enfermedades o mejorando su capacidad para sobrevivir en entornos cambiantes. Esto podría ser especialmente beneficioso para las especies amenazadas, permitiendo la conservación y recuperación de poblaciones en peligro de extinción. Los animales modificados genéticamente podrían utilizarse para producir valiosas proteínas terapéuticas, como insulina o factores de coagulación, de forma más eficaz y sostenible. Aunque las posibilidades que ofrece CRISPR son increíblemente emocionantes, también hay importantes consideraciones éticas y sociales que deben abordarse. El poder de editar genes plantea cuestiones sobre hasta dónde debemos llegar en la alteración del plan de la vida. Las cuestiones del consentimiento, la equidad y las consecuencias no deseadas deben considerarse y regularse cuidadosamente. La capacidad de modificar embriones humanos, por ejemplo, plantea complejas cuestiones éticas sobre la moralidad de cambiar la composición genética de las generaciones futuras. Alcanzar un equilibrio entre el progreso científico y la innovación responsable será crucial mientras navegamos por las nuevas fronteras de la genética. Los avances en genética y el desarrollo de CRISPR han abierto un mundo de posibilidades. Desde la curación de enfermedades genéticas hasta la modificación del ADN de los organismos, estos avances tienen el potencial de remodelar el futuro de la humanidad. CRISPR ofrece esperanza a las personas y familias afectadas por trastornos genéticos, ya que ofrece la posibilidad de una cura y una mejor calidad de vida. La capacidad de cambiar el ADN de los organismos presenta oportunidades para revolucionar la agricultura, la conservación y la medicina. No deben pasarse por alto las consideraciones éticas que rodean a la edición genética, y es necesaria una regulación cuidadosa para garantizar una innovación responsable. A medida que nos aventuramos en los límites de la ciencia, es imperativo que procedamos con cautela y el Mindfulness, reconociendo el inmenso poder y potencial de la genética para dar forma al futuro.

XI. TERRITORIOS ÉTICOS INEXPLORADOS

A medida que el campo de la genética avanza a un ritmo sin precedentes, nos encontramos en el precipicio de territorios éticos inexplorados. El advenimiento de tecnologías de edición genética como CRISPR ha planteado una miríada de dilemas morales que exigen nuestra atención y consideración inmediatas. Con el poder de manipular el tejido mismo de la vida, debemos lidiar con cuestiones relativas a los límites de la intervención humana, las posibles repercusiones de las modificaciones genéticas y las implicaciones para las desigualdades sociales. Una de las principales preocupaciones en torno a la edición de genes y la tecnología CRISPR tiene que ver con la alteración de las células de la línea germinal, el material genético que se transmite a las generaciones futuras. Aunque esto tiene el potencial de eliminar las enfermedades genéticas de la reserva genética, también plantea profundas cuestiones éticas. Al editar la línea germinal, estamos alterando fundamentalmente el proyecto genético de la humanidad. Esto suscita preocupación por la posibilidad de que se produzcan consecuencias no deseadas o efectos secundarios imprevistos que sólo se manifiesten en las generaciones futuras. La búsqueda de la creación de "bebés de diseño" con rasgos deseables suscita preocupación en relación con la eugenesia y la posibilidad de crear una sociedad que valore determinadas características genéticas por encima de otras. La edición genética y la tecnología CRISPR plantean cuestiones sobre el consentimiento y la autonomía. ¿Quién tiene autoridad para tomar decisiones sobre modificaciones genéticas? ¿Deben los individuos tener derecho a alterar su propio código genético, o estas decisiones deben estar sujetas a la supervisión social o reguladora? La capacidad de mejorar ciertos rasgos o eliminar enfermedades mediante la edición genética plantea la posibilidad de crear una brecha genética entre quienes pueden permitirse tales intervenciones y quienes no, exacerbando las desigualdades sociales existentes. Preocupa la posibilidad de coacción, ya que las personas pueden sentirse presionadas a someterse a modificaciones genéticas para ajustarse a las normas o expectativas sociales. Otra consideración ética importante radica en el posible uso indebido de la tecnología de edición genética. Aunque sus aplicaciones para el tratamiento y la prevención de enfermedades son loables, existe la posibilidad de que se utilicen con fines nefastos. Por ejemplo, la capacidad de mejorar ciertos rasgos por razones no médicas, como la inteligencia o el aspecto físico, suscita la preocupación de crear una sociedad que ponga un énfasis indebido en la superioridad genética, lo que llevaría a la discriminación y la marginación. La posibilidad de una guerra biológica o la creación de organismos modificados genéticamente con consecuencias no deseadas supone un riesgo importante para la seguridad mundial y el equilibrio ecológico.

El impacto de la tecnología de edición genética va más allá de la genética humana y plantea cuestiones sobre nuestra responsabilidad hacia el mundo natural. CRISPR permite modificar no sólo los genes humanos, sino también los de otros organismos. Esto abre un abanico de posibilidades, desde la eliminación de plagas y especies invasoras hasta la mejora de la productividad de los cultivos agrícolas. Las implicaciones éticas de estos avances no pueden subestimarse. Las posibles consecuencias no deseadas, como la alteración de los ecosistemas y la pérdida de biodiversidad, justifican una consideración y evaluación cautelosas de los riesgos y beneficios antes de llevar a cabo modificaciones genéticas en organismos no humanos. Al navegar por estos territorios éticos inexplorados, es primordial que adoptemos un enfoque multidisciplinar que incluya a científicos, especialistas en ética, responsables políticos y el público. Deben celebrarse debates abiertos y transparentes para garantizar que los beneficios potenciales de la edición genética y la tecnología CRISPR se equilibren con las consideraciones éticas que plantean. La cooperación y colaboración internacionales son cruciales para establecer directrices y normativas que rijan el uso responsable de estas poderosas herramientas. Es necesario desarrollar marcos éticos sólidos y evaluarlos y actualizarlos continuamente en respuesta a las tecnologías emergentes y los cambios sociales. Los avances en la tecnología de edición genética, en particular CRISPR, nos impulsan hacia territorios éticos inexplorados que exigen nuestra atención inmediata. Desde la alteración de las células de la línea germinal hasta el potencial de discriminación genética y las implicaciones para el mundo natural, los dilemas éticos a los que nos enfrentamos son complejos y polifacéticos. A medida que nos adentramos en este apasionante mundo de la genética, es imperativo que naveguemos por estos territorios inexplorados con precaución, responsabilidad y un compromiso inquebrantable con el bienestar de la humanidad y del planeta.

CONSIDERACIONES ÉTICAS SOBRE LA EDICIÓN GENÉTICA DE LA LÍNEA GERMINAL

La edición genética de la línea germinal, la capacidad de realizar cambios permanentes en la composición genética de las generaciones futuras, presenta una miríada de consideraciones éticas. La posibilidad de eliminar enfermedades genéticas nocivas y mejorar los rasgos deseados es innegablemente atractiva, pero estos avances también plantean preocupaciones sobre los límites éticos de la alteración del genoma humano. Una de las principales preocupaciones es la cuestión del consentimiento. La edición génica germinal implica realizar modificaciones en la fase embrionaria, antes de que una persona pueda dar su consentimiento informado para tales intervenciones. Esto plantea importantes cuestiones éticas sobre el derecho a la autonomía y la posibilidad de infringir el patrimonio genético de un individuo.

Otra consideración ética es la posibilidad de que se produzcan consecuencias no deseadas. A medida que sigue evolucionando nuestro conocimiento de la genética y de las técnicas de edición genética, sigue existiendo un riesgo considerable de mutaciones genéticas imprevistas y efectos secundarios no deseados. Los efectos a largo plazo de la edición de genes dentro de la línea germinal siguen siendo relativamente desconocidos, y la posibilidad de crear anomalías genéticas no intencionadas o de alterar la trayectoria evolutiva natural de la especie humana suscita una preocupación considerable por la posibilidad de causar daños irreparables a las generaciones futuras.

El concepto de edición genética de la línea germinal también plantea cuestiones importantes en torno a la equidad y la justicia social. Si estas tecnologías se generalizan, existe el riesgo de que sólo sean accesibles para los ricos y privilegiados, exacerbando aún más las desigualdades sociales existentes. Existe la posibilidad de que se produzcan disparidades en el acceso a las mejoras genéticas, creando una sociedad dividida basada en ventajas y desventajas genéticas. Esto hace temer la creación de una élite genética y el aumento de las diferencias entre clases sociales, lo que podría conducir a un futuro distópico en el que la superioridad genética determinara la valía de cada uno.

No pueden ignorarse las implicaciones para la eugenesia. Aunque el objetivo de la edición genética de la línea germinal es mejorar la condición humana y erradicar las enfermedades genéticas, hay que considerar cuidadosamente el potencial de mal uso y abuso de esta tecnología. Las asociaciones históricas de la eugenesia con ideologías de superioridad racial y esterilización forzosa suscitan preocupación por la posibilidad de que la edición genética de la línea germinal se utilice para perpetuar la discriminación y la desigualdad. Existe una necesidad crítica de un marco ético global que garantice que el uso de esta tecnología se guíe por los principios de igualdad, diversidad y respeto de los derechos humanos. Las implicaciones éticas de la edición genética de la línea germinal también se extienden más allá del ámbito de los seres humanos. La capacidad de editar el código genético de los organismos puede tener repercusiones ecológicas generalizadas. Alterar la composición genética de las especies podría alterar inadvertidamente los ecosistemas, con consecuencias imprevistas para la biodiversidad y la estabilidad de los entornos naturales. La responsabilidad de garantizar el uso ético de esta tecnología se extiende a consideraciones sobre el impacto ecológico más amplio y el potencial de daños irreversibles al mundo natural. Además de estas preocupaciones, también existen dudas sobre el argumento de la pendiente resbaladiza. Algunos sostienen que la edición genética de la línea germinal puede conducir a un futuro en el que los padres tengan la capacidad de seleccionar rasgos específicos en sus hijos. Esto hace temer una sociedad impulsada por la búsqueda de la perfección, en la que la diversidad y la individualidad disminuyan en favor de la conformidad con normas genéticas predeterminadas. La pérdida potencial de variación genética y las repercusiones en la resistencia y adaptabilidad generales de la especie humana son consideraciones importantes a la hora de evaluar las implicaciones éticas de la edición génica de la línea germinal.

La edición genética de la línea germinal es muy prometedora para el futuro de la humanidad, pero también presenta complejas consideraciones éticas que exigen un discurso y una regulación cuidadosos. El potencial para erradicar las enfermedades genéticas y mejorar los rasgos deseables debe equilibrarse con las preocupaciones en torno al consentimiento, las consecuencias imprevistas, la equidad, la eugenesia, los impactos ecológicos y la erosión de la diversidad. Al aventurarnos en esta nueva frontera de la genética, es vital que establezcamos un marco ético sólido que guíe el uso responsable y equitativo de estas tecnologías. Sólo entonces podremos aprovechar el potencial de la edición genética de la línea germinal para dar forma a un futuro que sea a la vez científicamente avanzado y éticamente justo.

EL PAPEL DE LA COLABORACIÓN INTERNACIONAL Y LA REGULACIÓN DE LA EDICIÓN GENÉTICA

El papel de la colaboración internacional y la regulación de la edición genética son cruciales para garantizar un uso responsable y ético de esta poderosa tecnología. La edición genética tiene el potencial de revolucionar la medicina y la agricultura, pero también plantea graves problemas éticos. La colaboración internacional es necesaria para establecer directrices y protocolos que regulen el uso de técnicas de edición genética como CRISPR. Trabajando juntos, los científicos y los responsables políticos de distintos países pueden compartir conocimientos, experiencia y mejores prácticas, y garantizar que el campo de la edición genética progrese de forma responsable. La colaboración internacional puede ayudar a garantizar que los beneficios y riesgos asociados a la edición genética se distribuyan equitativamente entre los distintos países y comunidades, y evitar que se agraven las desigualdades existentes. Por ejemplo, es importante garantizar que la edición genética sea accesible y asequible para las personas de los países en desarrollo, y que sus voces se incluyan en los debates sobre la ética y la gobernanza de la edición genética. La regulación de la edición genética también es fundamental para proteger contra posibles usos indebidos o abusos de esta tecnología. La aplicación de normativas y controles estrictos puede ayudar a evitar la creación de organismos modificados genéticamente peligrosos, y garantizar que la edición genética se utilice sólo con fines beneficiosos. Un marco regulador mundial puede ayudar a establecer normas de seguridad, eficacia y consideraciones éticas en la investigación y las aplicaciones de la edición genética. También puede ayudar a facilitar el intercambio de información y recursos entre países, y promover la transparencia y la responsabilidad en el campo de la edición genética. La regulación puede ayudar a abordar las preocupaciones sobre la discriminación genética y la eugenesia, garantizando que la edición genética no se utilice para crear "bebés de diseño" o para manipular injustamente los rasgos humanos.

Es importante encontrar un equilibrio entre la regulación y la innovación en el campo de la edición genética. Una regulación excesiva podría sofocar el progreso científico y obstaculizar el potencial de la edición genética para abordar retos mundiales acuciantes como las enfermedades, el hambre y el cambio climático. Por lo tanto, es crucial contar con un marco regulador que apoye la innovación responsable y permita la continuación de los descubrimientos científicos en la edición genética. Esto puede lograrse mediante una combinación de regulación gubernamental, autorregulación dentro de la comunidad científica y participación y aportaciones públicas. La participación de diversas partes interesadas, como científicos, expertos en bioética, responsables políticos, grupos de defensa de los pacientes y el público en general, es esencial para garantizar que las decisiones sobre la regulación de la edición genética se basen en una amplia gama de perspectivas y tengan en cuenta las implicaciones sociales más generales. Además de la colaboración y la regulación internacionales, la educación pública y el diálogo son fundamentales para fomentar un enfoque informado y ético de la edición genética. A medida que esta tecnología se hace más accesible y sus aplicaciones se generalizan, es importante que el público en general comprenda la ciencia que hay detrás de la edición genética, así como sus posibles beneficios y riesgos. El compromiso público puede ayudar a abordar las preocupaciones, disipar los mitos y fomentar la confianza pública en el uso responsable de la edición genética. También puede ayudar a ampliar la conversación sobre las implicaciones éticas, sociales y legales de la edición genética más allá de la comunidad científica, e implicar al público en los procesos de toma de decisiones relacionados con la regulación de la edición genética. La colaboración y la regulación internacionales desempeñan un papel fundamental en el uso responsable y ético de la edición genética. Trabajando juntos, los países pueden establecer directrices y protocolos que rijan el uso de técnicas de edición genética como CRISPR. La regulación es necesaria para proteger contra posibles usos indebidos o abusos de la edición genética y garantizar que los beneficios y riesgos asociados a esta tecnología se distribuyan de forma justa. Es importante encontrar un equilibrio entre regulación e innovación, e implicar a diversas partes interesadas en los procesos de toma de decisiones. La educación pública y el diálogo también son cruciales para fomentar un enfoque informado y ético de la edición genética y para crear confianza pública en su uso responsable. A medida que nos adentramos en el apasionante mundo de la genética y CRISPR, es imperativo que naveguemos por estas nuevas fronteras con una cuidadosa consideración y un compromiso con el bienestar de la humanidad.

ENFOQUES RESPONSABLES Y TRANSPARENTES DE LA INVESTIGACIÓN SOBRE EDICIÓN GENÉTICA

Son esenciales para navegar por las implicaciones éticas y sociales de esta tecnología innovadora. A medida que las técnicas de edición genética, como CRISPR, se vuelven más refinadas y accesibles, es imperativo que los científicos se adhieran a estrictas directrices éticas y entablen un diálogo abierto con el público. Una de las consideraciones clave en la investigación responsable de la edición genética es la posibilidad de que se produzcan consecuencias imprevistas o efectos no deseados. Mediante la aplicación de pruebas rigurosas y medidas de control de calidad, los investigadores pueden mitigar los riesgos asociados a la edición genética y garantizar que las modificaciones realizadas sean intencionadas y precisas. La transparencia en el proceso de investigación es fundamental para fomentar la confianza pública y garantizar que las decisiones relativas a la edición genética se tomen de forma colectiva y con las aportaciones de las diversas partes interesadas. El uso responsable de las técnicas de edición genética también implica una cuidadosa consideración del impacto sobre la salud y la seguridad humanas. Antes de que cualquier tecnología de edición genética se aplique en entornos clínicos, debe someterse a rigurosas pruebas preclínicas y clínicas. Este proceso no sólo establece la seguridad y eficacia de la técnica, sino que también permite una evaluación exhaustiva de sus posibles efectos a largo plazo. Los ensayos clínicos deben realizarse de forma transparente, con protocolos y directrices claros, para garantizar que tanto los investigadores como los participantes comprenden plenamente los riesgos y beneficios de la edición genética. El seguimiento y la evaluación continuos de los pacientes sometidos a edición génica serán cruciales para evaluar cualquier consecuencia imprevista o efecto a largo plazo. La transparencia y la rendición de cuentas responsable se extienden también a la comercialización y accesibilidad de las tecnologías de edición genética. Dado que estas técnicas tienen el potencial de revolucionar la asistencia sanitaria y la prevención de enfermedades, es importante garantizar que no sólo estén disponibles para quienes puedan permitírselas. Deben tomarse medidas para impedir que se patenten las tecnologías básicas de edición genética, lo que limitaría su accesibilidad y obstaculizaría el progreso de la investigación. En su lugar, deberían fomentarse las asociaciones entre el mundo académico, la industria y el gobierno para garantizar que las tecnologías de edición genética sean asequibles, estén ampliamente disponibles y se utilicen en beneficio de todos. Además de las consideraciones prácticas, la investigación responsable de la edición genética requiere una cuidadosa reflexión ética y social. La edición genética plantea cuestiones profundas sobre nuestra comprensión de la naturaleza humana, los límites de la intervención y el potencial de consecuencias no deseadas. Estas cuestiones deben abordarse de forma inclusiva, con aportaciones de diversas perspectivas, incluidos científicos, especialistas en ética, responsables políticos y el público en general. La participación pública y el diálogo abierto son fundamentales para garantizar que las decisiones relativas a la edición genética se tomen de forma colectiva y reflejen nuestros valores y aspiraciones compartidos. La investigación responsable de la edición genética requiere un compromiso con la equidad y la justicia. Esta tecnología tiene el potencial de exacerbar las disparidades sociales existentes si no se aplica de forma justa y equitativa. Debe prestarse especial atención a las cuestiones de la discriminación genética, el acceso a la asistencia sanitaria y el potencial de prácticas similares a la eugenesia. Deben establecerse salvaguardias para evitar el uso indebido de la edición genética con fines poco éticos y para impedir la discriminación basada en la información genética. Deben establecerse normativas y mecanismos de supervisión para garantizar que las tecnologías de edición genética se utilizan de forma responsable y para el bien público.

Los enfoques responsables y transparentes son imperativos en la investigación de la edición genética para navegar por los retos éticos, sociales y prácticos que surgen con esta tecnología innovadora. Respetando unas directrices éticas estrictas, realizando pruebas y controles rigurosos, promoviendo la transparencia, fomentando la accesibilidad, alentando la participación pública y defendiendo los principios de equidad y justicia, podemos aprovechar el poder de la edición genética para mejorar la salud humana, minimizando los riesgos y garantizando que las decisiones relativas a la edición genética se tomen colectivamente y reflejen nuestros valores compartidos. Sólo mediante prácticas responsables y transparentes podremos aprovechar plenamente el potencial de la edición genética y garantizar que contribuya a un futuro más brillante y equitativo para la humanidad. El campo de la genética ha experimentado enormes avances en los últimos años, con la aparición de una tecnología revolucionaria conocida como CRISPR. Esta técnica de edición genética ha abierto infinitas posibilidades en el ámbito de la manipulación genética, ofreciendo a los científicos la capacidad de alterar el ADN de un organismo con una precisión increíble. CRISPR tiene el potencial de curar enfermedades, modificar cultivos para aumentar el rendimiento y la resistencia a las plagas, e incluso remodelar el futuro de toda la raza humana. Las implicaciones de esta tecnología revolucionaria son profundas y de gran alcance, y abarcan tanto la promesa de enormes beneficios como una serie de preocupaciones éticas y morales. A medida que nos embarcamos en este viaje a los confines de la ciencia, queda claro que las nuevas fronteras de la genética moldearán el mundo de formas que nunca creímos posibles. Uno de los aspectos más notables de CRISPR es su capacidad para curar enfermedades que antes se creían incurables. Con esta herramienta de edición genética, los científicos pueden localizar y corregir mutaciones específicas en el ADN de un individuo, eliminando eficazmente la causa raíz de diversos trastornos genéticos. Enfermedades como la fibrosis quística, la anemia falciforme e incluso ciertos tipos de cáncer podrían erradicarse mediante el uso de CRISPR. Las posibilidades de la medicina personalizada no tienen precedentes, ya que los tratamientos pueden adaptarse a la composición genética única de cada individuo. El sueño de un mundo libre de la carga de las enfermedades genéticas está cada vez más cerca de hacerse realidad, gracias a los revolucionarios avances en genética y CRISPR. La CRISPR tiene el potencial de transformar la industria agrícola creando cultivos modificados genéticamente que sean más resistentes y productivos. Introduciendo modificaciones genéticas específicas en las plantas, los científicos pueden mejorar su capacidad para resistir la sequía, combatir plagas y enfermedades y aumentar su valor nutritivo. Esta tecnología ofrece una solución potencial a los retos de la seguridad alimentaria mundial, ya que los cultivos pueden diseñarse para prosperar en entornos difíciles y producir mayores cantidades de alimentos nutritivos. Las implicaciones para los países en desarrollo, donde el hambre y la malnutrición proliferan, son profundas y pueden salvar vidas. CRISPR tiene el poder de abordar problemas mundiales acuciantes y remodelar la forma en que producimos alimentos, garantizando un futuro sostenible para las generaciones venideras. Como cualquier tecnología innovadora, CRISPR conlleva una serie de consideraciones éticas y morales. La capacidad de manipular el ADN de un organismo plantea cuestiones sobre los límites de la ciencia y la posibilidad de consecuencias no deseadas. La capacidad de alterar la huella genética de las generaciones futuras ha suscitado preocupación por el concepto de bebés de diseño y la posibilidad de crear una élite genéticamente superior. Existe una delgada línea entre curar enfermedades genéticas y entrar en el terreno de la eugenesia, que supone una amenaza para nuestra comprensión de la igualdad y el valor de la vida humana. A medida que nos adentramos en las nuevas fronteras de la genética, es crucial entablar debates éticos y morales para garantizar un uso responsable de esta poderosa herramienta. Además de los dilemas éticos que rodean a CRISPR, también preocupan los efectos a largo plazo de la manipulación genética sobre la biodiversidad y el medio ambiente. Alterar la composición genética de los organismos puede tener consecuencias imprevistas en los ecosistemas, ya que no podemos predecir totalmente la interconexión de los organismos vivos. La introducción de cultivos modificados genéticamente, por ejemplo, puede alterar los patrones naturales de polinización o crear supermalezas resistentes a los herbicidas. Es imperativo considerar cuidadosamente los riesgos potenciales y aplicar marcos reguladores sólidos para mitigar cualquier efecto adverso sobre el medio ambiente y la biodiversidad.

Las nuevas fronteras de la genética, impulsadas por la revolucionaria tecnología CRISPR, ofrecen una inmensa promesa para curar enfermedades, transformar la agricultura y dar forma al futuro de la humanidad. La capacidad de editar con precisión el ADN de un organismo ha abierto un mundo de posibilidades que antes eran material de ciencia ficción. A medida que nos adentramos en este apasionante reino de la ciencia, es esencial abordarlo con cautela y responsabilidad ética. El potencial de avances médicos y de resolución de retos globales es inmenso, pero también lo son los riesgos potenciales y los dilemas éticos. El viaje al límite de la ciencia requiere que naveguemos por estos territorios inexplorados con sabiduría y previsión, garantizando que los beneficios de la manipulación genética se hagan realidad sin comprometer nuestros valores y la santidad de la vida.

XII. CONSECUENCIAS IMPREVISTAS

Aunque el potencial de la edición genética y CRISPR para revolucionar la medicina y remodelar el futuro de la humanidad es sin duda emocionante, también debemos reconocer el potencial de consecuencias imprevistas que pueden surgir de estas tecnologías de vanguardia. Una de las principales preocupaciones en torno a la edición genética son las implicaciones éticas que presenta. Al adquirir la capacidad de modificar el código genético de los organismos, estamos desempeñando esencialmente el papel de "creador", lo que plantea interrogantes sobre los límites de la interferencia humana en el orden natural de las cosas. La idea de la edición de la línea germinal, en la que los cambios realizados en el ADN de un individuo pueden transmitirse a las generaciones futuras, plantea complejos dilemas éticos. Las decisiones que tomemos hoy sobre la edición del genoma humano podrían tener efectos de gran alcance en las generaciones futuras, lo que tendría consecuencias imprevistas e irreversibles.

Otra consecuencia imprevista de la edición genética es la posibilidad de que se produzcan mutaciones genéticas no deseadas. AunqueCRISPR-Cas9 es muy preciso, existe la posibilidad de que se produzcan efectos no deseados, es decir, modificaciones genéticas en lugares no deseados del genoma. Estos efectos no deseados podrían dar lugar a mutaciones perjudiciales, causando potencialmente nuevas enfermedades o agravando las ya existentes. Los efectos a largo plazo de la edición genética aún no se comprenden del todo, ya que los cambios en el código genético pueden tener efectos en cascada sobre la salud general y el desarrollo de un organismo. Esta falta de comprensión completa pone de relieve la necesidad de seguir investigando y de aplicar con cautela estas tecnologías para minimizar cualquier posible impacto negativo. Además de las preocupaciones éticas y sanitarias, la edición genética también tiene el potencial de exacerbar las desigualdades sociales existentes. Como ocurre con muchas tecnologías nuevas, el coste inicial de los procedimientos de edición genética puede ser prohibitivo, limitando el acceso a quienes pueden permitírselo. Esto podría crear una división entre los que tienen los medios para mejorar su composición genética y los que no, lo que llevaría a una mayor disparidad en las capacidades y oportunidades disponibles para los distintos segmentos de la sociedad. El potencial de los "bebés de diseño", en los que los padres podrían seleccionar rasgos específicos para sus hijos, podría reforzar aún más las jerarquías sociales basadas en la superioridad genética percibida, erosionando potencialmente los conceptos de diversidad e igualdad. El uso de la edición genética en la agricultura y el medio ambiente puede tener consecuencias imprevistas para los ecosistemas y la biodiversidad. Aunque la promesa de cultivos y animales modificados genéticamente puede conducir a un aumento de la producción de alimentos y de la resistencia a enfermedades o condiciones ambientales, también podría perturbar los ecosistemas introduciendo especies invasoras o creando desequilibrios en las relaciones naturales depredador-presa. Los efectos a largo plazo sobre la biodiversidad son inciertos, ya que los organismos modificados genéticamente podrían superar en competencia o sustituir a las especies autóctonas, provocando una pérdida de diversidad y resistencia ecológicas. Existe la preocupación de que el rápido desarrollo de las tecnologías de edición genética pueda superar la capacidad de la sociedad para regular eficazmente su uso. Mientras los avances siguen produciéndose a un ritmo asombroso, los marcos y directrices para una aplicación y supervisión responsables pueden quedarse atrás. Sin una regulación exhaustiva, la edición genética podría utilizarse de forma irresponsable o insegura, lo que podría tener consecuencias imprevistas que perjudicarían a las personas o a la sociedad en su conjunto. Es crucial que los responsables políticos, los científicos y los éticos trabajen juntos para establecer directrices claras y límites éticos que garanticen el uso responsable y equitativo de las tecnologías de edición genética. El apasionante mundo de la genética y CRISPR presenta increíbles posibilidades para el futuro de la humanidad. Debemos abordar estos avances con cautela y considerar el potencial de consecuencias imprevistas. Las implicaciones éticas, los riesgos de mutaciones no deseadas, la exacerbación de las desigualdades sociales, las amenazas a los ecosistemas y la biodiversidad, y los retos de la regulación exigen una cuidadosa consideración. Si reconocemos estas complejidades y adoptamos un enfoque reflexivo y cauteloso, podremos navegar por las nuevas fronteras de la genética de forma que se maximicen los beneficios y se minimicen los daños, allanando el camino hacia un futuro que sea a la vez científicamente avanzado y éticamente sólido.

RIESGOS POTENCIALES DE LAS MODIFICACIONES GENÉTICAS

Aunque los avances en genética y las técnicas de edición de genes como CRISPR son muy prometedores para la humanidad, también conllevan una serie de riesgos potenciales que no pueden pasarse por alto. Una de las principales preocupaciones es la posibilidad de consecuencias no deseadas derivadas de las modificaciones genéticas. Cuando los científicos manipulan el ADN de un organismo, a menudo lo hacen con un objetivo específico en mente, como curar una enfermedad o mejorar ciertos rasgos. La intrincada naturaleza de la genética significa que puede haber efectos imprevistos que se manifiesten de formas inesperadas. Por ejemplo, alterar un gen relacionado con la resistencia a las enfermedades en una planta puede afectar inadvertidamente a su capacidad para reproducirse o interactuar con otros organismos de su ecosistema. Estas consecuencias imprevistas podrían tener implicaciones de gran alcance, no sólo para el organismo modificado, sino también para todo el ecosistema al que pertenece. Otro riesgo asociado a las modificaciones genéticas es el potencial de discriminación genética. A medida que las pruebas genéticas se generalizan y se hacen más accesibles, existe la preocupación de que las personas puedan ser tratadas injustamente en función de su composición genética. Los empresarios, las compañías de seguros o incluso las posibles parejas sentimentales pueden utilizar la información genética para tomar decisiones sobre la contratación, la cobertura o las relaciones, dando lugar a discriminación y desigualdad. Esta cuestión es especialmente pertinente cuando se consideran las modificaciones genéticas en humanos, donde la capacidad de seleccionar o alterar rasgos podría dar lugar a una sociedad fragmentada según líneas genéticas. Existe la posibilidad de un uso indebido de la información genética por parte de los gobiernos u otros organismos con autoridad, lo que daría lugar a violaciones de la intimidad y la autonomía individual. La idea de las modificaciones genéticas también suscita preocupaciones éticas. La capacidad de editar genes ha planteado cuestiones sobre los límites morales de la ciencia y hasta dónde deben llegar los investigadores en su búsqueda de avances genéticos. Es posible que haya que reevaluar los marcos morales tradicionales a medida que se hagan más evidentes las implicaciones de estas tecnologías. Por ejemplo, ¿deberíamos permitir modificaciones genéticas que mejoren las capacidades físicas o cognitivas, exacerbando potencialmente las desigualdades sociales existentes? ¿Deberíamos editar embriones para erradicar enfermedades mortales, abriendo potencialmente la puerta a los "bebés de diseño"? Se trata de cuestiones éticas complejas que requieren un examen cuidadoso y un debate público. El alcance de las consecuencias imprevistas y los dilemas éticos se amplifica por la difusión mundial de las modificaciones genéticas. Debido a la interconexión del mundo, las acciones de un país o institución en la investigación genética pueden tener implicaciones para otros. La liberación de organismos modificados genéticamente en el medio ambiente sin las pruebas adecuadas o la comprensión de los riesgos potenciales podría provocar catástrofes ecológicas o impactos imprevistos en las comunidades locales. Si las modificaciones genéticas se generalizan, las disparidades en el acceso y la asequibilidad podrían exacerbar las desigualdades socioeconómicas existentes a escala mundial, creando una división entre los que pueden permitirse mejoras genéticas y los que no. El potencial de bioterrorismo es otro riesgo importante asociado a las modificaciones genéticas. A medida que las técnicas de edición genética se hacen más accesibles, surge la preocupación de que estas tecnologías puedan ser utilizadas indebidamente por individuos o grupos que pretendan causar daño. La capacidad de diseñar y liberar patógenos modificados genéticamente o de crear enfermedades intratables plantea graves problemas de seguridad nacional. El uso indebido de las modificaciones genéticas podría tener consecuencias devastadoras difíciles de contener o combatir, lo que hace aún más necesaria una regulación y supervisión estrictas. Aunque las modificaciones genéticas y los avances en las técnicas de edición de genes como CRISPR son inmensamente prometedores para el futuro de la humanidad, también conllevan una serie de riesgos potenciales que deben abordarse. La naturaleza impredecible de la genética puede tener consecuencias imprevistas, mientras que la adopción generalizada de modificaciones genéticas suscita preocupación por la discriminación genética y la erosión de la privacidad. Las consideraciones éticas y las implicaciones globales subrayan aún más la necesidad de una regulación meditada y de un discurso público en torno a estas tecnologías. El potencial del bioterrorismo plantea una grave amenaza que no puede pasarse por alto. A medida que nos adentramos en el apasionante mundo de la genética, es crucial que abordemos estos riesgos de forma responsable y con un profundo conocimiento de las posibles consecuencias.

PERTURBACIONES ECOLÓGICAS Y EFECTOS NO DESEADOS EN LOS ECOSISTEMAS

Las alteraciones ecológicas y los efectos no deseados en los ecosistemas son algunas de las preocupaciones que surgen con los avances de la genética y la tecnología CRISPR. Aunque la edición genética encierra la promesa de curar enfermedades y transformar organismos, es esencial examinar su impacto potencial en el medio ambiente. La modificación o eliminación de determinados genes de un organismo podría alterar inadvertidamente el delicado equilibrio ecológico de un ecosistema determinado. La introducción de organismos modificados genéticamente (OMG) en el medio ambiente puede tener consecuencias imprevistas que pueden tener efectos de gran alcance en los ecosistemas. Estas alteraciones pueden producirse a través de diversos mecanismos, como la alteración de las cadenas alimentarias, la propagación de genes modificados a especies no objetivo y el potencial de flujo genético entre los OMG y las poblaciones silvestres relacionadas. Un área de preocupación es la alteración de las cadenas alimentarias debida a las modificaciones genéticas. Introducir modificaciones genéticas en un organismo puede repercutir en sus hábitos alimentarios, lo que posteriormente puede afectar a los organismos que dependen de él para alimentarse. Por ejemplo, si una especie vegetal modificada genéticamente se vuelve resistente a las plagas, puede producirse una disminución de la población de un insecto concreto que se alimenta de esa planta. Esta reducción de la población de insectos puede tener efectos en cascada sobre otras especies que dependen de ese insecto para su sustento, alterando potencialmente el equilibrio ecológico general del ecosistema.

Otra perturbación potencial surge de la propagación de genes modificados a especies no objetivo. Los OMG pueden reproducirse y transmitir sus genes modificados a las poblaciones silvestres, alterando potencialmente la composición genética y las características de estas poblaciones. Este flujo genético puede producirse por el cruce involuntario entre OMG y parientes silvestres, permitiendo que los genes modificados entren en el acervo genético silvestre. Esta situación suscita preocupación por las consecuencias a largo plazo de dicha mezcla genética, ya que podría dar lugar a la alteración involuntaria de rasgos en especies no objetivo. La propagación de genes modificados puede conducir a la pérdida de diversidad genética en las poblaciones silvestres, reduciendo su capacidad de adaptación a las condiciones ambientales cambiantes. El potencial de flujo genético entre los OMG y las poblaciones salvajes relacionadas puede causar efectos no deseados en los ecosistemas. El flujo genético se produce cuando los genes de una población se mezclan con los de otra a través del mestizaje. En el caso de los OMG, el flujo genético puede dar lugar a la transferencia de genes modificados de organismos modificados genéticamente a poblaciones silvestres. Esta transferencia de genes puede tener consecuencias imprevisibles, ya que puede dar lugar a la propagación de rasgos y características modificados genéticamente en el medio natural. Esta situación plantea cuestiones sobre el potencial de contaminación genética y la pérdida de biodiversidad natural a medida que los rasgos modificados se hacen más prevalentes en las poblaciones salvajes. La capacidad de los OMG de superar a sus homólogos silvestres debido a sus rasgos modificados puede provocar el desplazamiento o incluso la extinción de las especies autóctonas, agravando aún más las posibles alteraciones ecológicas causadas por el flujo de genes. Para mitigar las alteraciones ecológicas y los efectos no deseados en los ecosistemas, es esencial considerar y regular cuidadosamente las modificaciones genéticas. Deben establecerse procedimientos rigurosos de ensayo y evaluación de riesgos para evaluar las posibles repercusiones ecológicas de cualquier organismo modificado genéticamente antes de su liberación en el medio ambiente. Estas evaluaciones deben incluir un análisis exhaustivo de las interacciones potenciales del organismo con su entorno, incluido su papel dentro de las cadenas alimentarias y la probabilidad de flujo genético a especies no objetivo. Deben tomarse medidas para minimizar la probabilidad y las consecuencias de un flujo genético involuntario, como barreras físicas o estrategias de contención. Los procesos responsables y transparentes de toma de decisiones deben implicar a expertos científicos, responsables políticos y representantes de las partes interesadas pertinentes para garantizar la consideración cuidadosa de los posibles efectos ecológicos de las modificaciones genéticas. Aunque la edición genética y la tecnología CRISPR ofrecen oportunidades apasionantes para curar enfermedades y transformar organismos, es crucial tener en cuenta las posibles alteraciones ecológicas y los efectos no deseados en los ecosistemas. Las alteraciones de las cadenas alimentarias, la propagación de genes modificados a especies no objetivo y el flujo de genes entre los OMG y las poblaciones silvestres pueden tener consecuencias de largo alcance en el delicado equilibrio de los ecosistemas. Aplicando procedimientos sólidos de evaluación de riesgos y procesos responsables de toma de decisiones, podemos esforzarnos por garantizar el uso seguro y ético de las modificaciones genéticas, minimizando las posibles alteraciones ecológicas y salvaguardando nuestros ecosistemas para las generaciones futuras.

LA IMPORTANCIA DE UNA INVESTIGACIÓN EXHAUSTIVA Y UNA EVALUACIÓN DE RIESGOS ANTES DE APLICAR TÉCNICAS DE EDICIÓN GENÉTICA

En el campo en constante evolución de la genética y la aparición de las técnicas de edición de genes, es imprescindible llevar a cabo una investigación exhaustiva y una evaluación de riesgos antes de poner en práctica estas tecnologías revolucionarias. La edición de genes encierra un inmenso potencial para curar enfermedades, alterar organismos y, potencialmente, remodelar el futuro de la humanidad. Nunca se insistirá lo suficiente en la importancia de una investigación minuciosa y una evaluación de riesgos para garantizar la utilización segura y ética de las técnicas de edición genética. En primer lugar, la investigación exhaustiva es fundamental para comprender las complejidades de la edición genética y sus posibles ramificaciones. A medida que las técnicas de edición genética, como CRISPR-Cas9, ganan adeptos en la comunidad científica, la necesidad de una comprensión exhaustiva de sus mecanismos se vuelve crucial. Los investigadores deben estudiar a fondo los diversos entresijos del proceso de edición genética, como la especificidad de la diana, los efectos no deseados y las consecuencias imprevistas. Profundizando en los principios subyacentes de la edición genética, los científicos pueden prever los riesgos potenciales y desarrollar estrategias para mitigarlos. La investigación exhaustiva contribuye a la acumulación de conocimientos y experiencia, lo que permite a los científicos perfeccionar las técnicas de edición genética con el tiempo y maximizar su eficacia y seguridad. Sin una base sólida de conocimientos científicos, la aplicación de técnicas de edición genética sin una investigación adecuada podría tener consecuencias nefastas, tanto para las personas sometidas a procedimientos de edición genética como para la sociedad en su conjunto. Una evaluación meticulosa de los riesgos es esencial para garantizar el uso ético y responsable de las técnicas de edición genética. La edición genética tiene el poder de transformar la vida de las personas que padecen trastornos genéticos y de abordar diversos retos sociales. Los riesgos potenciales asociados a la edición genética no pueden pasarse por alto. Es primordial llevar a cabo una evaluación exhaustiva de los posibles dilemas éticos, las implicaciones sociales y las consecuencias imprevistas que se derivan de la aplicación de las técnicas de edición genética. Sopesando cuidadosamente los riesgos y beneficios, los científicos, los responsables políticos y la sociedad en general pueden tomar decisiones informadas sobre la aplicación de estas tecnologías. Esta evaluación de riesgos debe implicar una colaboración interdisciplinar, que incluya aportaciones de expertos en bioética, derecho, sociología y otros campos relevantes. Involucrar al público en la conversación en torno a la edición genética es esencial para garantizar una toma de decisiones democrática y para abordar cualquier preocupación o reserva ética. Una evaluación responsable de los riesgos permite un proceso de aplicación que sea consciente de los daños potenciales y se esfuerce por maximizar los beneficios. Llevar a cabo una investigación exhaustiva y una evaluación minuciosa de los riesgos en el campo de la edición genética ayuda a evitar decisiones precipitadas y mal informadas con consecuencias de largo alcance.

Ante el entusiasmo y las promesas que rodean a las tecnologías de edición genética, es crucial resistir la tentación de precipitarse en su aplicación sin una evaluación adecuada. Sin una investigación exhaustiva y una evaluación de riesgos, los peligros potenciales y las consecuencias imprevistas de la edición genética pueden pasar desapercibidos hasta que sea demasiado tarde. Un enfoque prudente y mesurado es vital para identificar y abordar cualquier escollo potencial antes de que se generalice. Esto garantiza que las técnicas de edición genética se utilicen de forma responsable y ética, evitando cualquier daño innecesario que pueda derivarse de acciones impulsivas. Nunca se insistirá lo suficiente en la importancia de investigar a fondo y evaluar los riesgos antes de aplicar las técnicas de edición genética. El potencial de la edición genética para curar enfermedades, alterar organismos y remodelar la humanidad es, sin duda, apasionante. Para maximizar los beneficios y garantizar el uso seguro y ético de la edición genética, es indispensable una base sólida de investigación y una evaluación meticulosa de los riesgos. Al comprender en profundidad las complejidades de la edición genética y los riesgos potenciales que conlleva, los investigadores pueden desarrollar estrategias para mitigar estos riesgos. La realización de evaluaciones exhaustivas de los riesgos permite a la sociedad tomar decisiones informadas y responsables cuando se trata de la aplicación de la edición genética. Tomando estas medidas de precaución, podemos aprovechar el poder transformador de la edición génica minimizando al mismo tiempo los daños potenciales y preservando el tejido ético de la sociedad. La edición genética y la tecnología CRISPR han surgido como poderosas herramientas en el campo de la genética, anunciando una nueva frontera en el descubrimiento científico. Estos avances tienen el potencial de curar enfermedades, alterar organismos y remodelar el futuro de la humanidad. El descubrimiento de CRISPR ha revolucionado el campo de la genética con su precisión y eficacia sin precedentes. A diferencia de las técnicas anteriores de edición genética, CRISPR permite a los científicos apuntar a genes específicos dentro del ADN de un organismo y modificar o insertar el material genético deseado. Esta nueva capacidad de manipular genes con tanta precisión ha abierto infinitas posibilidades de avances médicos y modificaciones genéticas beneficiosas. Una de las aplicaciones más prometedoras de la edición genética y CRISPR es en el campo de la medicina. Con CRISPR, los científicos pueden curar potencialmente enfermedades genéticas que antes se creían incurables. Al dirigirse específicamente a los genes defectuosos responsables de estas enfermedades, los investigadores pueden editarlos para restaurar su función normal. Esto ofrece esperanza a innumerables personas que padecen trastornos genéticos como la fibrosis quística, la anemia falciforme y la distrofia muscular. CRISPR tiene el potencial de erradicar ciertas enfermedades infecciosas modificando o desactivando los genes que permiten su transmisión. Enfermedades como el VIH, la malaria y el virus del Zika podrían dejar de suponer una amenaza para la salud mundial con los avances de la tecnología de edición genética. Más allá de la medicina, la edición genética y la tecnología CRISPR tienen el potencial de remodelar ecosistemas enteros y la agricultura. Modificando los genes de plantas y animales, los científicos pueden mejorar su resistencia a los factores de estrés ambiental, aumentar el rendimiento de los cultivos y desarrollar fuentes de alimentos más nutritivos. Esto podría tener profundas implicaciones para la seguridad alimentaria de una población mundial en rápido crecimiento. Las modificaciones genéticas también podrían ayudar a combatir el cambio climático diseñando plantas que capturen y almacenen más dióxido de carbono, mitigando las emisiones de gases de efecto invernadero. La edición genética podría ayudar a la conservación de especies en peligro, preservando su diversidad genética y mejorando su capacidad de adaptación a entornos cambiantes. Aunque las posibilidades de la edición genética y la tecnología CRISPR son sin duda apasionantes, han surgido preocupaciones en torno a la ética y las consecuencias no deseadas. La capacidad de alterar la composición genética de los organismos vivos plantea cuestiones éticas sobre los límites de la ciencia y nuestra responsabilidad como administradores de la vida. ¿Estamos jugando a ser Dios al alterar el tejido mismo de la vida? ¿Deberíamos estar autorizados a modificar los genes de las generaciones futuras, alterando potencialmente el curso de la evolución humana? Estas preguntas exigen una cuidadosa consideración y regulación de las prácticas de edición genética.

No pueden pasarse por alto las consecuencias imprevistas de las modificaciones genéticas. Aunque CRISPR es muy preciso, siempre existe el riesgo de que se produzcan efectos no deseados. La modificación de ciertos genes puede tener consecuencias imprevistas en el organismo en su conjunto o en sus interacciones con el medio ambiente. Los efectos a largo plazo de las modificaciones genéticas en las generaciones futuras siguen siendo en gran medida desconocidos. Las alteraciones genéticas realizadas hoy pueden tener consecuencias de gran alcance para las generaciones futuras, tanto positivas como negativas. Deben realizarse pruebas cuidadosas y rigurosas para evaluar la seguridad y las posibles consecuencias de la edición genética antes de su adopción generalizada. La edición de genes y la tecnología CRISPR representan una nueva frontera en el descubrimiento científico que encierra un inmenso potencial para curar enfermedades, remodelar ecosistemas y revolucionar la agricultura. La precisión y eficacia de CRISPR han abierto un mundo de posibilidades que antes eran inimaginables. No se pueden ignorar las consideraciones éticas y las consecuencias imprevistas asociadas a estos avances. Es esencial que abordemos la edición genética con cautela, sopesando cuidadosamente los beneficios potenciales frente a los posibles riesgos. El futuro de la genética es sin duda apasionante, pero requiere prácticas científicas responsables y éticas para garantizar que navegamos por estas nuevas fronteras con prudencia y responsabilidad.

XIII. PERCEPCIÓN Y ACEPTACIÓN PÚBLICAS

La percepción y aceptación públicas de la edición genética y la tecnología CRISPR desempeñan un papel crucial en la configuración del futuro de estos avances revolucionarios en genética. Mientras los científicos e investigadores siguen ampliando los límites del progreso científico en este campo, la opinión pública puede influir significativamente en la dirección que tomen estas tecnologías. En la actualidad, la percepción pública de la edición genética y CRISPR sigue siendo contradictoria. Por un lado, existe una sensación de entusiasmo y asombro ante la posibilidad de curar enfermedades hasta ahora incurables y eliminar los trastornos genéticos de la población. La idea de alterar los componentes básicos de la vida para erradicar el sufrimiento es, sin duda, atractiva. La perspectiva de utilizar la tecnología CRISPR para mejorar ciertos rasgos deseables o crear organismos modificados genéticamente con fines agrícolas ofrece una visión de un futuro de posibilidades ilimitadas. Por otra parte, la percepción pública también se ve atenuada por preocupaciones y dilemas éticos. La idea de manipular genes humanos plantea cuestiones sobre los límites de la intervención científica y nuestra comprensión de las complejidades del genoma humano. Preocupan las consecuencias no deseadas, tanto para los individuos como para la sociedad en su conjunto. El potencial de uso indebido o abuso de estas tecnologías también es motivo de preocupación. Como ocurre con cualquier herramienta poderosa, el uso responsable y ético de la edición genética y CRISPR es de vital importancia. La naturaleza altamente técnica de la edición genética y la tecnología CRISPR puede crear una desconexión entre la comunidad científica y el público en general. Los conceptos difíciles y la jerga pueden ser difíciles de entender para quienes no tienen una sólida formación en genética. En consecuencia, se necesita una comunicación eficaz y la participación del público para salvar esta brecha y fomentar un diálogo más informado e inclusivo. La percepción y aceptación públicas también pueden verse influidas por factores culturales, religiosos y sociales. Las distintas poblaciones pueden tener opiniones diferentes sobre las implicaciones morales de la manipulación de genes, en función de sus valores y creencias. Algunas culturas pueden considerar la edición genética como jugar a ser Dios, mientras que otras pueden estar más abiertas a las posibilidades que presenta. La religión, en particular, tiene una influencia significativa en la percepción pública. La Iglesia Católica, por ejemplo, ha expresado su preocupación por la posibilidad de que la edición genética traspase los límites éticos, mientras que otros grupos religiosos pueden tener perspectivas diferentes. La educación y la concienciación son esenciales para conformar la percepción y la aceptación públicas. Es más probable que un público bien informado comprenda los beneficios potenciales, los riesgos y las consideraciones éticas asociadas a la edición genética y CRISPR. Al proporcionar información accesible y precisa, los gobiernos, las instituciones científicas y otras partes interesadas pueden ayudar a promover la toma de decisiones informadas y estimular los debates sobre la futura dirección de estas tecnologías. La participación pública también debe incluir oportunidades para el diálogo, la discusión y el debate. Involucrando en la conversación a un público más amplio, que incluya a personas de diversas procedencias y perspectivas, se puede desarrollar una comprensión más completa de las cuestiones en cuestión. Las consideraciones éticas, las repercusiones sociales y los posibles riesgos deben sopesarse cuidadosamente frente a los posibles beneficios, y el público debe tener voz y voto a la hora de determinar los límites de un uso aceptable. La percepción y la aceptación públicas determinarán el futuro de la edición genética y de CRISPR. Es importante encontrar un equilibrio entre la cautela y el progreso, garantizando que se sigan prácticas responsables y sostenibles al tiempo que se hacen realidad los beneficios potenciales de estas tecnologías. Fomentando un diálogo informado e inclusivo, la sociedad puede navegar por las implicaciones éticas y morales de la edición genética, maximizando al mismo tiempo los beneficios potenciales para los individuos y la humanidad en su conjunto. De este modo, la percepción y la aceptación públicas se convierten en componentes cruciales para dar forma a las nuevas fronteras de la genética y al futuro de la humanidad.

OPINIÓN PÚBLICA SOBRE LA EDICIÓN GENÉTICA

La opinión pública sobre la edición genética es una cuestión muy compleja y controvertida. La edición de genes, en particular mediante la tecnología CRISPR, tiene el potencial de revolucionar el campo de la medicina y alterar el curso de la evolución humana. Las implicaciones morales y éticas de tales avances han suscitado un intenso debate entre científicos, responsables políticos y el público en general. Por un lado, sus defensores sostienen que la edición genética promete erradicar las enfermedades genéticas y mejorar la salud humana en general. Señalan casos de éxito en este campo, como la curación de trastornos genéticos raros y el desarrollo de cultivos más resistentes. Argumentan que estos avances pueden aliviar el sufrimiento humano y crear una población más sana y genéticamente más diversa. La edición genética podría permitir a los individuos optimizar ciertos rasgos, como la inteligencia o el atletismo, lo que plantea cuestiones sobre la igualdad y la equidad. Por otra parte, los críticos expresan su preocupación por el posible uso indebido y las consecuencias no deseadas de la edición genética. Sostienen que alterar la composición genética de los organismos, incluidos los humanos, plantea profundas cuestiones éticas y morales sobre los límites de la ciencia y nuestro papel en la configuración del mundo natural. También preocupa que la edición genética pueda exacerbar las desigualdades sociales existentes, ya que quienes tengan acceso a la tecnología podrían mejorar sus rasgos genéticos, creando una nueva forma de elitismo genético. Preocupa el impacto medioambiental imprevisto de liberar organismos modificados genéticamente en la naturaleza, con posibles consecuencias para los ecosistemas y la biodiversidad. La opinión pública sobre la edición genética está determinada por estas diferentes perspectivas y probablemente esté influida por creencias culturales, religiosas y personales. Las encuestas han revelado que el público en general tiende a apoyar la edición genética con fines médicos, sobre todo en el contexto del tratamiento de enfermedades o discapacidades graves. El apoyo disminuye cuando se trata de mejorar o modificar rasgos no relacionados con enfermedades. Esto sugiere una opinión matizada entre el público, que sopesa los beneficios potenciales frente a las preocupaciones éticas y las posibles consecuencias de un mundo en el que la edición genética se convierta en rutina. Está claro que la opinión pública sobre la edición genética dista mucho de ser monolítica, y se observan diferencias entre los grupos demográficos y los distintos niveles de conocimientos científicos. Por ejemplo, las personas con un mayor nivel educativo tienden a aceptar mejor la edición genética, probablemente debido a una mayor comprensión de la ciencia que la sustenta. A la inversa, las creencias religiosas también pueden desempeñar un papel importante en la configuración de las actitudes hacia la edición genética. Algunos grupos religiosos ven la edición genética como una afrenta a la naturaleza o un desafío a la creación divina, lo que conduce a una postura más escéptica. La imagen que dan los medios de comunicación de la edición genética puede influir en la opinión pública, ya que los titulares que destacan las posibilidades sensacionalistas o los posibles resultados distópicos pueden moldear la percepción de la tecnología. Comprender la opinión pública sobre la edición genética es crucial para los responsables políticos y los científicos que pretenden desarrollar normativas y directrices que reflejen los valores de la sociedad. A medida que las tecnologías de edición genética avanzan y se hacen más accesibles, es esencial implicar al público en debates sobre las implicaciones morales, éticas y sociales de estos avances. La educación pública y el diálogo pueden ayudar a colmar las lagunas de comprensión, fomentar la transparencia y garantizar que la edición genética se utilice de forma responsable y en beneficio colectivo. La formación de la opinión pública sobre la edición genética requiere un enfoque informado e integrador que tenga en cuenta las perspectivas de las diversas partes interesadas. Si tenemos en cuenta los riesgos y beneficios potenciales de la edición genética, así como los valores y preocupaciones del público, podremos orientar el futuro de esta tecnología innovadora de forma que se ajuste a nuestra visión compartida de un futuro más sano, justo y sostenible.

ABORDAR LA DESINFORMACIÓN Y AUMENTAR LA CONCIENCIACIÓN PÚBLICA

Aunque el potencial de la edición genética y la tecnología CRISPR es realmente emocionante, va acompañado de una necesidad acuciante de abordar la desinformación y aumentar la concienciación pública sobre estos avances. Con el rápido ritmo al que se difunde la información en la era digital actual, resulta crucial garantizar que el público tenga acceso a conocimientos precisos y fiables sobre las capacidades y limitaciones de la edición genética. La desinformación puede provocar miedo, malentendidos y una opinión pública equivocada, lo que puede obstaculizar el progreso en este campo e impedir la aplicación responsable y ética de la edición genética. Un aspecto clave para abordar la desinformación es la comunicación eficaz y la transparencia. Los expertos en genética y tecnología CRISPR deben entablar un diálogo claro y accesible con el público no sólo para difundir información precisa, sino también para abordar las preocupaciones, disipar los mitos y hacer hincapié en la importancia de la investigación y la aplicación responsables. Esto puede lograrse a través de diversos medios, como conferencias públicas, iniciativas educativas y colaboraciones con los medios de comunicación para garantizar una representación precisa de los avances científicos. Colaborar con los responsables políticos y los reguladores puede ayudar a establecer directrices y normativas que equilibren el progreso científico con las consideraciones éticas, garantizando un enfoque responsable y bien informado de la edición genética. Aumentar la conciencia pública sobre la genética y la tecnología CRISPR abre la puerta a conversaciones constructivas e inclusivas sobre las implicaciones éticas y el impacto social de estos avances. Es crucial implicar en estos debates a una amplia gama de partes interesadas, incluido el público en general, los grupos de defensa de los pacientes, los expertos en bioética y los líderes religiosos, para fomentar una comprensión global de las oportunidades y los retos que presenta la edición genética. Al adoptar perspectivas diversas, podemos garantizar que las decisiones relativas al uso de estas tecnologías se tomen teniendo en cuenta las necesidades y preocupaciones polifacéticas de la sociedad. Además de abordar la desinformación y fomentar conversaciones inclusivas, es necesario dar prioridad a la educación y la alfabetización científica sobre el tema de la genética y la tecnología CRISPR. Integrar estos temas en los planes de estudios educativos a varios niveles, desde la escuela primaria hasta los estudios universitarios y de posgrado, puede ayudar a dotar a las generaciones futuras de los conocimientos y las habilidades de pensamiento crítico necesarios para navegar por las complejidades de la edición genética. Invirtiendo en educación científica y fomentando la curiosidad, podemos nutrir una sociedad científicamente alfabetizada que pueda participar activamente y contribuir al diálogo en curso en torno a la genética y la tecnología CRISPR. La difusión de información fiable y comprensible debe extenderse más allá de los entornos educativos tradicionales. Los museos científicos, las exposiciones públicas y los programas de divulgación pueden servir de valiosas plataformas para mejorar la comprensión pública de la genética y la tecnología CRISPR. Estos espacios interactivos y atractivos ofrecen a las personas la oportunidad de explorar, hacer preguntas e interactuar con expertos, tendiendo así un puente entre la investigación científica y el compromiso público. Al hacer que la ciencia sea más accesible y cercana, podemos capacitar a las personas para que tomen decisiones informadas y contribuyan de forma significativa a las conversaciones sociales en torno a la edición genética. Abordar la desinformación y aumentar la concienciación pública sobre la genética y la tecnología CRISPR no es sólo una cuestión de comunicación científica; es una cuestión de generar confianza, aumentar la transparencia y capacitar a las personas para que participen activamente en la configuración del futuro de la edición genética. Respetando las normas éticas, fomentando una sociedad científicamente alfabetizada y promoviendo diálogos inclusivos, podemos allanar el camino para una innovación responsable en la edición genética, garantizando al mismo tiempo que se tengan en cuenta el bienestar y los intereses de todas las partes interesadas. A medida que nos adentramos en las nuevas fronteras de la genética, simbolizadas por la edición genética y la tecnología CRISPR, es imperativo que abordemos la desinformación y aumentemos la concienciación pública. Mediante una comunicación eficaz, el fomento de conversaciones inclusivas, la priorización de la educación y la promoción de la alfabetización científica, podemos superar los retos que plantea la desinformación y crear una sociedad bien informada, éticamente consciente y activamente implicada en la configuración del futuro de la edición genética. Sólo mediante esfuerzos colectivos podremos liberar todo el potencial de estos avances y garantizar que produzcan un cambio positivo para la humanidad y el mundo que habitamos.

FOMENTAR LA CONFIANZA Y EL COMPROMISO PÚBLICOS EN LA INVESTIGACIÓN Y LOS AVANCES GENÉTICOS

Esto es esencial para garantizar que los beneficios potenciales de estos avances puedan materializarse plenamente. La investigación y los avances genéticos tienen el poder de revolucionar el campo de la medicina y mejorar la vida de las personas de todo el mundo. Para que este potencial se haga realidad, es crucial que el público confíe en los científicos e investigadores que trabajan en este campo y participe activamente en los debates éticos y sociales que rodean a la investigación genética. Uno de los aspectos clave para alimentar la confianza pública es garantizar la transparencia del proceso de investigación. El público necesita tener acceso a información precisa y fiable sobre la investigación y los avances genéticos. Esta información debe presentarse de forma clara y comprensible, sin jerga científica, para que las personas puedan tomar decisiones informadas y formarse sus propias opiniones sobre la tecnología. Al facilitar al público el acceso a esta información, los investigadores pueden demostrar que actúan en interés de la sociedad y que se comprometen a garantizar el uso seguro y responsable de las tecnologías genéticas. Además de la transparencia, también es crucial fomentar el diálogo abierto y el compromiso con el público. La investigación y los avances genéticos tienen el potencial de afectar a una amplia gama de personas y comunidades, y es importante que sus voces y opiniones sean escuchadas y tenidas en cuenta. Al solicitar activamente la opinión del público, los investigadores pueden demostrar que valoran las perspectivas de los demás y que se comprometen a abordar las preocupaciones y los posibles escollos asociados a la investigación genética. Esto podría incluir la organización de foros públicos, la colaboración con líderes y organizaciones de la comunidad y la creación de oportunidades para que el público participe en los procesos de toma de decisiones en torno a la investigación genética.

Generar confianza pública requiere marcos éticos y normativos sólidos. Es importante que la investigación y los avances genéticos se lleven a cabo dentro de un marco ético que respete los derechos y la dignidad de las personas. Esto incluye obtener el consentimiento informado de las personas que participan en los estudios de investigación y garantizar la protección de su intimidad. Es necesario que existan organismos reguladores que supervisen la investigación y los avances genéticos, garantizando que se llevan a cabo de forma segura y responsable. Otro factor importante para fomentar la confianza y el compromiso públicos es abordar los posibles riesgos y dilemas éticos asociados a la investigación y los avances genéticos. Las tecnologías genéticas como CRISPR pueden utilizarse con fines tanto beneficiosos como potencialmente perjudiciales. Al reconocer estos riesgos y entablar debates sobre las posibles limitaciones y consideraciones éticas, los investigadores pueden demostrar que se comprometen a garantizar un uso responsable de estas tecnologías. Esto podría incluir la exploración de cuestiones como la mejora genética, la edición genética en embriones humanos y el impacto potencial de las tecnologías genéticas en las desigualdades sociales. Para alimentar la confianza y el compromiso públicos, es necesario un compromiso de educación y concienciación continuas.

La investigación y los avances genéticos son complejos y evolucionan constantemente, y es importante que el público se mantenga informado sobre los últimos avances en este campo. Esto podría incluir campañas de educación pública, talleres y presentaciones diseñadas para proporcionar a las personas información precisa y actualizada sobre la investigación y los avances genéticos. Al dotar al público de conocimientos y comprensión, los investigadores pueden capacitar a las personas para que tomen decisiones informadas y participen activamente en las discusiones y debates en torno a esta tecnología.

Fomentar la confianza y el compromiso públicos en la investigación y los avances genéticos es vital para aprovechar plenamente los beneficios potenciales de estos avances. Mediante la transparencia, el diálogo abierto, unos marcos éticos sólidos, el tratamiento de los riesgos y dilemas éticos, y la educación y concienciación continuas, los investigadores pueden fomentar un sentimiento de confianza y compromiso entre el público. Implicando activamente al público en los procesos de toma de decisiones en torno a la investigación genética, podemos garantizar que estos avances se lleven a cabo de forma responsable y ética y que los beneficios potenciales se materialicen para toda la humanidad. El campo de la genética ha experimentado una revolución en los últimos años con el descubrimiento y desarrollo de una poderosa herramienta conocida como CRISPR. CRISPR, es una técnica de edición de genes que permite a los científicos realizar cambios precisos en el ADN. Esta revolucionaria tecnología es muy prometedora para el futuro de la humanidad en varios sentidos. En primer lugar, CRISPR tiene el potencial de curar una amplia gama de enfermedades que han asolado a la humanidad durante mucho tiempo. Al identificar y corregir mutaciones genéticas específicas que causan enfermedades como la fibrosis quística, la anemia falciforme y ciertos tipos de cáncer, CRISPR ofrece la esperanza de erradicar estas devastadoras afecciones de una vez por todas. Además del tratamiento de enfermedades, CRISPR también puede utilizarse para mejorar los rasgos genéticos de los organismos, dando lugar a una nueva era de organismos modificados genéticamente (OMG). Imagina cultivos más resistentes a plagas y enfermedades, animales con mayor crecimiento muscular para una producción de carne más eficiente, e incluso la capacidad de eliminar rasgos genéticos nocivos de embriones humanos. Estas posibilidades tienen el potencial no sólo de mejorar nuestra calidad de vida, sino también de abordar retos mundiales acuciantes como la seguridad alimentaria y la sostenibilidad medioambiental. De hecho, el futuro de la humanidad podría estar determinado por las ilimitadas posibilidades de CRISPR. Uno de los aspectos más emocionantes de CRISPR es su capacidad para editar la línea germinal humana, lo que significa que los cambios realizados en el ADN de un individuo pueden transmitirse a las generaciones futuras. Esto suscita tanto entusiasmo como preocupaciones éticas sobre el futuro de la humanidad. Por un lado, la capacidad de eliminar enfermedades genéticas del acervo genético y mejorar potencialmente los rasgos deseables es muy prometedora para mejorar la salud y el bienestar generales de las generaciones futuras. Por otro lado, la posibilidad de crear "bebés de diseño" y las implicaciones éticas y sociales asociadas plantean retos importantes. Las cuestiones sobre qué rasgos deben considerarse deseables y a quién corresponde tomar esas decisiones son sólo algunos de los complejos dilemas morales y éticos que surgen con la llegada de CRISPR. A medida que la tecnología sigue avanzando, es crucial que entablemos debates reflexivos y establezcamos normativas adecuadas para garantizar el uso responsable de la edición genética, a fin de evitar consecuencias no deseadas y posibles abusos. Las implicaciones de CRISPR se extienden también más allá del ámbito de la genética humana. Mediante el uso de CRISPR para alterar el ADN de otros organismos, podemos abordar problemas acuciantes como la degradación medioambiental y la propagación de enfermedades. Por ejemplo, con la capacidad de editar los genes de los mosquitos, que son portadores de enfermedades como la malaria y el dengue, podríamos hacerlos potencialmente incapaces de transmitir estas enfermedades mortales. Del mismo modo, la modificación de los cultivos podría aumentar el rendimiento, mejorar el contenido nutricional y aumentar la resistencia a la sequía y a las plagas. Aunque las posibilidades son enormes, es esencial considerar las posibles consecuencias ecológicas y éticas de tales intervenciones. Equilibrar los beneficios de la edición genética con la preservación de la biodiversidad y la salud del ecosistema será clave para dar forma a un futuro sostenible desde el punto de vista medioambiental. A pesar del inmenso potencial de CRISPR, aún existen importantes retos que deben superarse antes de que su aplicación generalizada sea una realidad. Un obstáculo importante son los efectos no deseados de CRISPR, es decir, cambios no intencionados en el ADN que pueden tener consecuencias imprevistas. Se están realizando esfuerzos para minimizar estos efectos no deseados mediante métodos de administración mejorados y técnicas de edición genética más precisas. Las implicaciones éticas y sociales de CRISPR exigen una cuidadosa consideración y regulación. Es necesario un diálogo abierto e inclusivo en el que participen científicos, responsables políticos y el público en general para abordar estas complejas cuestiones y garantizar un uso responsable y equitativo de las tecnologías de edición genética. El descubrimiento y el desarrollo de CRISPR han abierto nuevas fronteras en el campo de la genética, ofreciendo la posibilidad de curar enfermedades, modificar organismos y remodelar el futuro de la humanidad. Desde la erradicación de enfermedades genéticas hasta la creación de organismos modificados genéticamente, CRISPR es inmensamente prometedora para mejorar nuestra calidad de vida y abordar acuciantes retos mundiales. Las implicaciones éticas y sociales de la edición genética no pueden pasarse por alto, y es crucial que entablemos debates reflexivos y establezcamos normativas adecuadas para guiar el uso responsable de esta poderosa tecnología. A medida que nos adentramos en los límites de la ciencia, las posibilidades y los retos que presenta CRISPR darán forma al futuro de la humanidad para las generaciones venideras.

XIV. IMPLICACIONES Y POSIBILIDADES FUTURAS

Las implicaciones futuras de los revolucionarios avances en genética y CRISPR son ilimitadas. Con la capacidad de modificar con precisión la composición genética de un organismo, los científicos tienen el poder de curar enfermedades que antes se consideraban incurables. Esto tiene el potencial de revolucionar la asistencia sanitaria y mejorar significativamente la calidad de vida de millones de personas en todo el mundo. Por ejemplo, ahora los genetistas pueden atacar y eliminar mutaciones perjudiciales que causan trastornos genéticos debilitantes, como la fibrosis quística o la enfermedad de Huntington. Al editar estos genes defectuosos y sustituirlos por otros sanos, los científicos están abriendo posibilidades de tratamientos que eran inimaginables hace sólo unas décadas. Las aplicaciones potenciales de CRISPR van mucho más allá del ámbito de la salud humana. Los científicos ya han empezado a utilizar esta tecnología para mejorar los cultivos agrícolas, haciéndolos más resistentes a plagas y enfermedades. Editando los genes de estas plantas, los científicos pueden crear variaciones más robustas, nutritivas y respetuosas con el medio ambiente. Esto no sólo encierra la promesa de resolver la escasez mundial de alimentos, sino que también aborda la necesidad urgente de prácticas agrícolas sostenibles ante un clima cambiante. CRISPR tiene el potencial de remodelar la biodiversidad. Con esta herramienta de edición genética, los científicos pueden controlar o eliminar las especies invasoras que amenazan los ecosistemas. Manipulando sus genes, los investigadores pueden introducir la esterilidad en estos organismos o hacerlos menos aptos para la supervivencia, evitando en última instancia los daños y trastornos que causan en sus nuevos hábitats. En la misma línea, CRISPR puede aprovecharse para proteger especies en peligro modificando su genoma para mejorar su adaptabilidad o resistencia a amenazas específicas. Esto podría ofrecer un salvavidas a muchas especies emblemáticas al borde de la extinción. Otra emocionante implicación futura de la tecnología CRISPR reside en el campo de la biología sintética, en el que los científicos diseñan organismos totalmente nuevos con los rasgos deseados. Esto puede abarcar desde bacterias que producen combustibles alternativos hasta sensores biológicos que detectan y limpian los contaminantes del medio ambiente. Programando organismos con instrucciones genéticas específicas, los científicos están preparados para revolucionar sectores como la energía, la fabricación y la gestión de residuos. Las posibilidades de que los organismos diseñados a medida satisfagan una amplia gama de necesidades humanas sólo están limitadas por nuestra imaginación y las consideraciones éticas.

Como ocurre con cualquier tecnología potente, también hay preocupaciones y cuestiones éticas que deben abordarse. La capacidad de editar el ADN de la línea germinal humana, por ejemplo, plantea cuestiones morales y éticas en torno a la modificación de rasgos que podrían heredar las generaciones futuras. Las implicaciones de los "bebés de diseño" y el potencial de desigualdad social son temas que requieren una cuidadosa consideración y regulación. Preocupan las consecuencias imprevistas de las modificaciones genéticas, como alteraciones ecológicas imprevistas o la creación de riesgos imprevistos para la salud.

Estas preocupaciones exigen un enfoque bien informado y cauteloso hacia el uso de CRISPR y de la genética en general.

Las implicaciones y posibilidades futuras de la genética y la tecnología CRISPR son a la vez apasionantes e inciertas. Desde la curación de enfermedades hasta la remodelación de los ecosistemas y la mejora de las capacidades humanas, el potencial de cambio positivo es inmenso. Este poder conlleva responsabilidad, y deben considerarse cuidadosamente las implicaciones éticas, sociales y ecológicas de estos avances. A medida que nos adentramos en esta nueva frontera de la ciencia, es crucial que entablemos un diálogo abierto y establezcamos normativas sólidas que nos guíen hacia un futuro en el que estas tecnologías beneficien a la humanidad, respetando al mismo tiempo los valores y la diversidad de nuestro mundo.

ACELERAR EL PROGRESO CIENTÍFICO EN LA EDICIÓN GENÉTICA

La aceleración del progreso científico en la edición de genes ha dado lugar a una era revolucionaria en la genética y encierra un inmenso potencial para la humanidad. La llegada de CRISPR ha agilizado el proceso de edición genética, permitiendo a los científicos editar el ADN con una precisión y eficacia sin precedentes. Esta nueva capacidad ha abierto un amplio abanico de posibilidades, desde curar enfermedades devastadoras hasta alterar organismos para beneficiar a la humanidad de formas que nunca se creyeron posibles. Con cada nuevo avance, el futuro de la edición genética se hace cada vez más prometedor, ofreciendo la esperanza de un mundo libre de dolencias genéticas y avances inimaginables en diversos campos. Uno de los avances más significativos en la edición de genes es la posibilidad de curar enfermedades genéticas antes incurables. CRISPR ha proporcionado a los científicos una herramienta eficaz para corregir las mutaciones genéticas causantes de enfermedades en el ADN de los individuos afectados. Dirigiéndose con precisión a los genes defectuosos y modificándolos, los investigadores pueden eliminar potencialmente la causa raíz de estas dolencias debilitantes. Por ejemplo, CRISPR ha mostrado resultados prometedores en el tratamiento de trastornos genéticos como la anemia falciforme y la fibrosis quística. Estas enfermedades devastadoras, que antes parecían intratables, ahora están a punto de curarse. La edición genética podría allanar el camino a la medicina personalizada, en la que los tratamientos se adaptan a la composición genética única de cada individuo. Esto revolucionaría el campo de la asistencia sanitaria, garantizando tratamientos más eficaces y personalizados para los pacientes de todo el mundo. Más allá de la curación de enfermedades, la edición genética tiene el potencial de remodelar el tejido mismo de la vida. Al alterar el código genético de los organismos, los científicos pueden crear organismos con rasgos y características deseados. Esto abre innumerables posibilidades para mejorar los cultivos agrícolas, diseñar bacterias que produzcan compuestos valiosos e incluso crear nuevas especies resistentes a los cambios medioambientales. Por ejemplo, la edición genética tiene el potencial de desarrollar cultivos con mayor resistencia a plagas y enfermedades, garantizando la seguridad alimentaria de millones de personas. Del mismo modo, los científicos pueden diseñar bacterias para producir fuentes de energía renovables o fármacos que salven vidas. La capacidad de reescribir el código genético ofrece un poder sin precedentes para moldear el mundo natural según las necesidades y deseos humanos. La edición genética tiene el potencial de abordar problemas medioambientales acuciantes y mitigar los efectos del cambio climático. Modificando los genes de los organismos, los científicos pueden mejorar potencialmente su capacidad de adaptación a las cambiantes condiciones medioambientales. Por ejemplo, los investigadores están estudiando la posibilidad de modificar genéticamente los arrecifes de coral para hacerlos más resistentes al aumento de la temperatura y la acidez de los océanos. Esto podría ayudar a preservar estos ecosistemas vitales, amenazados por el cambio climático. La edición genética podría utilizarse para desarrollar biocombustibles más sostenibles, mejorando la eficiencia de la producción de energía en los organismos. Aprovechando el poder de la ingeniería genética, la humanidad puede mitigar los daños causados por el cambio climático y salvaguardar el planeta para las generaciones futuras. Aunque la aceleración de los avances científicos en la edición genética brinda numerosas oportunidades, también plantea problemas y desafíos éticos. La capacidad de modificar el código genético plantea cuestiones sobre los límites de la intervención humana en la naturaleza y el potencial de consecuencias no deseadas. La tecnología de edición genética conlleva el riesgo de efectos no deseados, en los que se producen modificaciones no intencionadas en el genoma, que dan lugar a complicaciones imprevistas. La alteración permanente de la línea germinal, el material genético que se transmite a las generaciones futuras, suscita preocupaciones éticas sobre la posibilidad de bebés de diseño y la creación de una sociedad genéticamente dividida. El acelerado progreso científico en la edición de genes, especialmente con la llegada de la tecnología CRISPR, es tremendamente prometedor para la humanidad. La capacidad de curar enfermedades genéticas, remodelar organismos y abordar problemas medioambientales acuciantes tiene el potencial de revolucionar diversos campos y remodelar el futuro de la humanidad. Junto a estos grandes avances, deben considerarse cuidadosamente las cuestiones y los retos éticos para garantizar el uso responsable y ético de la tecnología de edición genética. Con una regulación prudente y un enfoque reflexivo, las nuevas fronteras de la genética ofrecen posibilidades apasionantes que pueden marcar el comienzo de un futuro más brillante para la humanidad.

LIBERAR TODO EL POTENCIAL DE LA TECNOLOGÍA CRISPR

El rápido desarrollo y perfeccionamiento de la tecnología CRISPR ha abierto un mundo de posibilidades en genética y más allá. A medida que los investigadores siguen explorando las profundidades de esta técnica innovadora, se hace cada vez más evidente que el potencial para la erradicación de enfermedades, la modificación de organismos y la remodelación de la propia humanidad está a nuestro alcance. Con la capacidad de editar genes con precisión, CRISPR tiene el poder de curar enfermedades genéticas antes intratables, ofreciendo esperanza a los afectados y a sus familias. Esta tecnología puede emplearse para crear organismos y cultivos resistentes a las enfermedades, revolucionando potencialmente el campo de la agricultura y garantizando la seguridad alimentaria para las generaciones futuras. Una de las aplicaciones más prometedoras de CRISPR reside en su capacidad para curar enfermedades genéticas que antes se consideraban intratables. Mediante la edición selectiva de genes específicos, los científicos pueden corregir potencialmente las mutaciones genéticas subyacentes responsables de enfermedades como el Huntington, la fibrosis quística y la anemia falciforme. Esta edición precisa de genes promete no sólo aliviar los síntomas de estas enfermedades, sino eliminar potencialmente el trastorno genético por completo, proporcionando una solución permanente. Este avance tiene el potencial de transformar las vidas de millones de personas y familias afectadas por estas enfermedades devastadoras, ofreciendo una nueva esperanza donde antes sólo había desesperación. La tecnología CRISPR tiene la capacidad de modificar organismos, ofreciendo la posibilidad de crear plantas y animales resistentes a las enfermedades. Mediante la edición selectiva de los genes responsables de la susceptibilidad a las enfermedades, los científicos pueden crear organismos naturalmente resistentes, eliminando la necesidad de pesticidas y antibióticos químicos. Esto tiene un enorme potencial en el campo de la agricultura, donde la creación de cultivos resistentes a las enfermedades puede aumentar el rendimiento y reducir la dependencia de productos químicos nocivos. La modificación de los genes animales puede conducir a la producción de ganado resistente a las enfermedades, garantizando unas prácticas agrícolas más sanas y sostenibles. No se puede subestimar el impacto de estos avances en la agricultura, ya que tienen la capacidad de mejorar la seguridad alimentaria y reducir la presión medioambiental causada por los métodos agrícolas convencionales. El potencial de la tecnología CRISPR va más allá de la curación de enfermedades y la modificación de organismos. Tiene la capacidad de remodelar fundamentalmente el futuro de la humanidad. Con la capacidad de editar la línea germinal humana, CRISPR permite alterar los rasgos genéticos que pueden heredar las generaciones futuras. Aunque esta frontera de la edición genética plantea cuestiones y preocupaciones éticas, también abre posibilidades apasionantes. Ofrece la posibilidad de eliminar trastornos genéticos hereditarios y mejorar rasgos deseables, como la inteligencia o el atletismo. Este poder también conlleva importantes implicaciones éticas, ya que las decisiones sobre qué rasgos son deseables y quién tiene acceso a la edición genética plantean complejas cuestiones sociales y morales. Para liberar plenamente el potencial de la tecnología CRISPR, deben establecerse marcos reguladores cuidadosos que garanticen un uso responsable y equitativo. El potencial de uso indebido o de consecuencias no deseadas exige cautela y supervisión. Alcanzar un equilibrio entre el progreso científico y la responsabilidad ética es crucial para navegar por las aguas inexploradas de la edición genética. La colaboración entre los científicos, los responsables políticos y el público es vital para garantizar que se aprovecha todo el potencial de CRISPR de una manera que respeta y defiende los principios de la ética y la justicia social.

El rápido avance de la tecnología CRISPR nos ha llevado al borde de una nueva era en genética. Desde curar enfermedades antes intratables hasta modificar organismos y remodelar el futuro de la humanidad, las posibilidades son amplias y apasionantes. Con la capacidad de editar genes con precisión, CRISPR ofrece esperanza a quienes padecen trastornos genéticos, al tiempo que encierra la promesa de revolucionar la agricultura y garantizar la seguridad alimentaria. Son necesarias una consideración y una regulación cuidadosas para navegar por las implicaciones éticas de la edición genética. A medida que nos adentramos en el apasionante mundo de la genética y CRISPR, es esencial que procedamos con rigor científico y responsabilidad ética. Sólo entonces podremos liberar realmente todo el potencial de CRISPR y dar forma a un futuro que beneficie a toda la humanidad.

¿QUÉ HAY MÁS ALLÁ DEL HORIZONTE DE LA GENÉTICA?

Mirando hacia el futuro de la genética, uno no puede evitar sentirse cautivado por las infinitas posibilidades que nos aguardan. El campo de la genética ha experimentado enormes avances en los últimos años, especialmente con el desarrollo de técnicas de edición de genes como CRISPR. Con CRISPR, los científicos han desbloqueado la capacidad de modificar el material genético con una precisión y facilidad sin precedentes, abriendo un mundo de posibilidades para el futuro de la humanidad.

En el ámbito de la medicina, el potencial de la genética es realmente asombroso. La edición genética tiene el potencial de curar enfermedades que antes se consideraban incurables. Al alterar el código genético, los científicos pueden corregir las mutaciones responsables de trastornos genéticos, ofreciendo esperanza a millones de personas y familias afectadas por estas afecciones. Este enfoque revolucionario de la medicina ya se ha mostrado prometedor en el tratamiento de enfermedades como la anemia falciforme y la fibrosis quística, y las posibilidades de futuros avances son ilimitadas. Imagina un mundo en el que se erradiquen las enfermedades genéticas, en el que las personas ya no tengan que cargar con las limitaciones impuestas por su constitución genética. El futuro de la medicina promete un mundo más sano y libre de enfermedades gracias al poder de la genética.

Pero las implicaciones de la edición genética van más allá de la medicina. La capacidad de modificar el material genético abre todo un nuevo mundo de posibilidades en la agricultura y la conservación del medio ambiente. Manipulando los genes de plantas y animales, podríamos crear nuevas variedades de cultivos más resistentes a las plagas, la sequía u otras condiciones adversas. Esto tiene el potencial de aumentar la producción de alimentos y paliar el hambre en zonas donde escasean los recursos. La edición genética podría utilizarse para preservar especies en peligro de extinción, mejorando su capacidad de adaptación a entornos cambiantes o combatiendo los trastornos genéticos que amenazan su supervivencia. El poder de moldear la composición genética de los organismos nos ofrece la oportunidad de crear un mundo más sostenible y resistente. Sin embargo, un poder tan inmenso conlleva una gran responsabilidad. Las preocupaciones éticas que rodean a la edición genética son importantes y no pueden pasarse por alto. Aunque los beneficios potenciales son innegables, debemos actuar con cautela para evitar traspasar los límites éticos. La capacidad de modificar genéticamente embriones, por ejemplo, plantea cuestiones sobre las implicaciones morales de crear "bebés de diseño" o seleccionar rasgos preferidos. La línea entre mejorar la condición humana y desempeñar el papel de arquitecto genético es muy fina, y es crucial que entablemos un diálogo continuo como sociedad para establecer directrices éticas. Más allá del futuro inmediato, el horizonte de la genética encierra posibilidades aún más impresionantes. A medida que profundicemos en nuestro conocimiento del genoma humano, puede que algún día tengamos la capacidad no sólo de editar genes, sino también de crear genes totalmente nuevos. Imagina el potencial para crear organismos sintéticos con capacidades novedosas o mejorar nuestra propia composición genética para potenciar las habilidades humanas. Aunque estas posibilidades puedan parecer todavía ciencia ficción, es importante recordar que lo que antes era inimaginable se convierte rápidamente en realidad en el campo de la genética, que avanza con rapidez. Los límites de lo que consideramos posible se amplían constantemente, y el futuro promete avances realmente alucinantes. A medida que nos acercamos a los límites de la ciencia, es vital que abordemos el futuro de la genética con entusiasmo y precaución. El potencial de la edición genética tiene el poder de transformar nuestro mundo de formas inimaginables, ofreciendo esperanza para la erradicación de enfermedades, la seguridad alimentaria y la conservación del medio ambiente. Las consideraciones éticas que acompañan a estos avances deben manejarse con cuidado para garantizar que no perdemos de vista nuestra humanidad compartida. El futuro de la genética es una aventura en territorio desconocido, donde los límites de lo posible se redefinen constantemente. Emprendamos este viaje con mentes y corazones abiertos, recordando que las decisiones que tomemos hoy conformarán el futuro de la humanidad. El campo de la genética ha experimentado una revolución en los últimos años con la llegada de técnicas de edición genética como CRISPR. Esta tecnología revolucionaria ha abierto nuevas fronteras antes inimaginables, ofreciendo posibles curas para enfermedades, la capacidad de alterar organismos y el poder de remodelar el futuro de la humanidad. Con CRISPR, los genetistas pueden insertar, eliminar o sustituir fragmentos específicos de ADN, lo que proporciona un nivel de precisión y eficacia nunca visto hasta ahora. Este nuevo poder tiene enormes implicaciones para el tratamiento de las enfermedades genéticas, ya que ahora los científicos pueden atacar y reparar las mutaciones genéticas subyacentes responsables de estos trastornos. Al comprender el intrincado código de la vida, estamos entrando en una nueva era en la que disponemos de las herramientas para reescribirlo. Una de las aplicaciones más prometedoras de CRISPR es en el campo de la medicina. Hasta ahora, el tratamiento de las enfermedades genéticas era una tarea ardua, ya que requería atacar y modificar genes específicos responsables del trastorno. Este proceso llevaba mucho tiempo, era caro y a menudo ineficaz. CRISPR ha cambiado las reglas del juego al ofrecer una alternativa más rápida, barata y precisa. Mediante el uso de CRISPR, los científicos pueden editar eficazmente el ADN de un organismo, corrigiendo los genes defectuosos y curando potencialmente las enfermedades genéticas. Este avance es especialmente prometedor para enfermedades como la anemia falciforme, la enfermedad de Huntington y ciertos tipos de cáncer. Al abordar directamente la causa genética de estas dolencias, CRISPR ofrece un rayo de esperanza a las personas que llevan mucho tiempo sufriendo estas enfermedades debilitantes. El potencial para aliviar el sufrimiento humano y mejorar vidas es verdaderamente revolucionario. La CRISPR no sólo es útil para tratar enfermedades genéticas, sino que también tiene el potencial de modificar organismos, impulsando avances en la agricultura y la conservación del medio ambiente. Con CRISPR, los científicos pueden ahora editar el ADN de plantas y animales, alterando su composición genética para hacerlos más resistentes a enfermedades, plagas y condiciones ambientales adversas. Esto ofrece una solución prometedora a los retos de la seguridad alimentaria mundial y a la necesidad de una agricultura sostenible. Al desarrollar cultivos con mayor valor nutritivo, resistencia a las plagas o tolerancia a climas adversos, podemos hacer frente a la creciente demanda de alimentos sin ejercer una presión adicional sobre los recursos de nuestro planeta. CRISPR nos permite explorar el potencial de la desextinción, trayendo de vuelta especies extinguidas mediante la modificación del código genético de organismos relacionados. Esta emocionante perspectiva podría ayudar a restaurar la biodiversidad y deshacer algunos de los daños causados por la actividad humana, ofreciendo una oportunidad única para remodelar nuestro mundo natural. Aunque las posibilidades que ofrece CRISPR son enormes, también conllevan dilemas y preocupaciones éticas. La capacidad de editar genes plantea interrogantes sobre la posibilidad de un uso indebido o de consecuencias no deseadas. Con CRISPR, ahora es posible modificar los genes de los embriones, lo que suscita preocupaciones sobre la ética de la edición de genes con fines como la selección de rasgos deseables o la creación de "bebés de diseño". Estas cuestiones afectan a aspectos fundamentales de la identidad humana, la diversidad y los límites de la intervención científica. Garantizar un uso responsable y ético de la tecnología CRISPR es crucial para evitar su uso indebido y la aparición de nuevas desigualdades en la sociedad. Preocupa la posibilidad de que se produzcan efectos no deseados, es decir, cambios no intencionados en el ADN de un organismo como resultado de CRISPR. Las consecuencias a largo plazo de tales alteraciones aún se desconocen en gran medida y ponen de relieve la necesidad de una consideración cuidadosa y de pruebas rigurosas en la aplicación de la tecnología CRISPR. El campo de la genética se ha revolucionado con la llegada de CRISPR. Esta revolucionaria tecnología ofrece nuevas posibilidades para curar enfermedades, alterar organismos y dar forma al futuro de la humanidad. Aprovechando el poder de esta herramienta de edición genética, los científicos pueden localizar y reparar mutaciones genéticas responsables de enfermedades genéticas, ofreciendo potencialmente curas para afecciones antes incurables. Además, CRISPR promete transformar la agricultura, la conservación del medio ambiente e incluso recuperar especies extinguidas. Las consideraciones éticas y la preocupación por las consecuencias no deseadas ponen de manifiesto la necesidad de un uso responsable y de más investigación. A pesar de estos retos, el apasionante mundo de la genética y CRISPR ofrece un viaje al límite de la ciencia, presentándonos nuevas oportunidades y posibilidades de mejorar la salud humana, aumentar la seguridad alimentaria y remodelar el mundo natural. Sólo el tiempo dirá cómo estas nuevas fronteras darán forma a nuestro futuro, pero una cosa es segura: la ingeniería genética y CRISPR están aquí para quedarse.

XV. CONCLUSIÓN

Los increíbles avances en genética y el desarrollo de la tecnología CRISPR han abierto sin duda nuevas fronteras en el campo de la ciencia y la medicina. La capacidad de editar genes y manipular el ADN encierra un inmenso potencial para curar enfermedades, mejorar el rendimiento de los cultivos e incluso remodelar el futuro de la propia humanidad. Como ocurre con cualquier herramienta poderosa, hay que actuar con cautela para garantizar que las implicaciones éticas de la edición de genes se consideren cuidadosamente y que las posibles consecuencias negativas se aborden activamente. A lo largo de este ensayo, hemos examinado la mecánica de CRISPR y las inmensas posibilidades que ofrece para la edición genética. Desde la capacidad de eliminar enfermedades genéticas antes del nacimiento hasta la posibilidad de mejorar los rasgos deseados en las personas, CRISPR tiene el potencial de revolucionar la industria sanitaria y mejorar la vida de millones de personas. Además, la aplicación de CRISPR en las prácticas agrícolas tiene el potencial de abordar el inminente problema de la escasez de alimentos mediante la mejora del rendimiento de los cultivos y la creación de plantas más robustas y resistentes a las enfermedades. Aunque las posibilidades que ofrece la tecnología de edición genética son ciertamente apasionantes, es crucial abordar estos avances con ojo crítico. No pueden ignorarse las implicaciones éticas de la manipulación genética. Por un lado, la capacidad de erradicar enfermedades genéticas da esperanzas a innumerables personas y familias que han padecido estas afecciones durante generaciones. Por otro lado, la cuestión de dónde trazar la línea cuando se trata de la mejora genética sigue siendo un problema acuciante. La posibilidad de crear una sociedad en la que se dé prioridad a unos rasgos sobre otros suscita preocupación por la discriminación y la desigualdad. Preocupa cómo la edición genética puede afectar a la diversidad natural de las especies y los ecosistemas. Al realizar modificaciones genéticas, corremos el riesgo de alterar delicados sistemas biológicos que han evolucionado durante millones de años. Aunque resulte tentador creer que poseemos los conocimientos y la comprensión necesarios para desempeñar el papel de arquitectos genéticos, debemos proceder con cautela. Alterar la naturaleza, incluso con las mejores intenciones, puede tener consecuencias imprevistas difíciles de predecir y deshacer. Para navegar por estas complejas cuestiones éticas, es esencial que tenga lugar una conversación bien informada e integradora. Científicos, responsables políticos, expertos en ética y el público en general deben unirse para establecer directrices y normativas que garanticen el uso responsable de estas poderosas herramientas. Esto implica no sólo considerar las consecuencias inmediatas de la edición genética, sino también los efectos a largo plazo sobre la sociedad y el medio ambiente. Existe una necesidad acuciante de abordar el potencial de uso indebido o abuso de la tecnología de edición genética. Como ocurre con cualquier avance de la ciencia, siempre existe el riesgo de que se utilice con fines nefastos, como crear bebés de diseño o desarrollar armas biológicas. Deben establecerse normas y una supervisión estrictas para evitar estas posibilidades y garantizar que los beneficios de la edición genética sean accesibles a todos, independientemente de su estatus socioeconómico o ubicación geográfica. Las nuevas fronteras de la genética, en particular el desarrollo de la tecnología CRISPR y de edición de genes, nos presentan un futuro lleno de posibilidades sin precedentes. Tenemos el potencial de curar enfermedades antes incurables, mejorar las prácticas agrícolas y dar forma al futuro de la propia humanidad. Estas posibilidades conllevan importantes implicaciones éticas y posibles escollos que deben considerarse cuidadosamente. Tenemos la responsabilidad de abordar estos avances con cautela, entablando conversaciones abiertas e integradoras y estableciendo normativas que den prioridad al bienestar de las personas, las sociedades y el mundo natural. Sólo mediante la utilización responsable de estas poderosas herramientas podremos garantizar un futuro que aporte cambios positivos, minimizando al mismo tiempo los riesgos asociados a la tecnología de edición genética. El viaje al límite de la ciencia continúa, y es nuestro deber andar con cuidado y responsabilidad mientras exploramos estas fronteras recién descubiertas.

EL POTENCIAL DE LA EDICIÓN GENÉTICA Y EL CRISPR

La edición genética y CRISPR tienen el potencial de revolucionar el campo de la genética y remodelar el futuro de la humanidad. Estos avances ofrecen posibilidades apasionantes en el campo de la medicina, ya que encierran la promesa de curar enfermedades que antes se consideraban incurables. Con la capacidad de alterar genes específicos del ADN de un organismo, los científicos tienen la posibilidad de tratar trastornos genéticos corrigiendo los genes defectuosos responsables de la enfermedad. Esto podría eliminar la necesidad de intervenciones quirúrgicas invasivas o medicamentos de por vida, ofreciendo una solución más permanente y eficaz. La edición de genes abre la posibilidad de prevenir totalmente las enfermedades genéticas mediante la edición de las células de la línea germinal, que son las responsables de transmitir los rasgos genéticos a las generaciones futuras. De este modo, las enfermedades que han asolado a las familias durante generaciones podrían erradicarse, dando lugar a generaciones futuras más sanas. Más allá de las aplicaciones médicas, la edición genética y CRISPR también tienen un enorme potencial en la agricultura y la ganadería. Con la capacidad de modificar los rasgos genéticos de plantas y animales, los científicos podrían mejorar el rendimiento de los cultivos, haciéndolos más resistentes a plagas, enfermedades y condiciones ambientales. Esto podría revolucionar la agricultura, aumentando la producción de alimentos y mejorando la seguridad alimentaria, especialmente en regiones susceptibles de sufrir sequías u otras calamidades. En la misma línea, la edición genética también podría mejorar la ganadería y la acuicultura, aumentando su resistencia a las enfermedades y mejorando la calidad de la carne y otros productos animales. Estos avances no sólo podrían aumentar la disponibilidad de alimentos asequibles y nutritivos, sino también reducir el impacto medioambiental de las prácticas agrícolas. La edición de genes y CRISPR tienen el potencial de desvelar los misterios del mundo natural y ampliar nuestra comprensión de diversos organismos. Mediante la manipulación de genes, los científicos pueden estudiar las funciones e interacciones de genes específicos dentro de un organismo, arrojando luz sobre su papel en el desarrollo, el comportamiento y la susceptibilidad a las enfermedades. Este conocimiento podría ayudarnos a desentrañar trastornos genéticos complejos en humanos y allanar el camino hacia tratamientos más eficaces. La edición genética puede utilizarse para crear modelos animales que imiten las enfermedades humanas, permitiendo a los científicos estudiar estas afecciones en un entorno controlado y desarrollar posibles terapias. Estos avances podrían afectar profundamente a nuestra comprensión de la biología y contribuir al desarrollo de nuevos fármacos y tratamientos. Aunque el potencial de la edición genética y CRISPR es enorme, es crucial abordar estas tecnologías con precaución y consideraciones éticas. La capacidad de modificar genes plantea importantes cuestiones éticas sobre hasta qué punto debemos intervenir en el orden natural de la vida. Preocupan las consecuencias imprevistas y el posible uso indebido de estas tecnologías. Las modificaciones genéticas realizadas en el ADN de un organismo podrían tener efectos no deseados en otros genes o incluso provocar consecuencias medioambientales imprevistas. Por ello, es imperativo que los científicos y los responsables políticos procedan a pruebas y regulaciones rigurosas para garantizar el uso responsable y seguro de la edición genética. La edición de genes y CRISPR representan una nueva frontera en el campo de la genética que encierra un inmenso potencial para la medicina, la agricultura y la investigación científica. Estos avances ofrecen la promesa de curar enfermedades genéticas, mejorar la producción de alimentos y aumentar nuestra comprensión del mundo natural. Es esencial proceder con cautela y considerar cuidadosamente las implicaciones éticas y los riesgos potenciales asociados a estas tecnologías. Tanto el rigor científico como las consideraciones éticas deben guiar nuestra exploración de la edición genética y CRISPR para garantizar el uso responsable y beneficioso de estas herramientas revolucionarias. Sólo mediante una aplicación responsable y reflexiva podremos aprovechar plenamente el potencial de la edición genética y CRISPR sin comprometer la integridad de la vida misma.

IMPACTO EN LA CURACIÓN DE ENFERMEDADES, LA ALTERACIÓN DE LOS ORGANISMOS Y LA REMODELACIÓN DE LA HUMANIDAD

El impacto de la edición genética, concretamente mediante la tecnología CRISPR, tiene el potencial de revolucionar el campo de la medicina ofreciendo nuevas vías para curar enfermedades, alterar organismos y remodelar la humanidad. En primer lugar, la capacidad de editar el código genético de los seres humanos presenta una oportunidad prometedora para combatir e incluso erradicar enfermedades debilitantes. Con la precisión y exactitud que permite CRISPR, los científicos pueden dirigir y reparar mutaciones genéticas específicas que contribuyen a diversas enfermedades. Por ejemplo, enfermedades como la anemia falciforme y la fibrosis quística, causadas por mutaciones de un solo gen, podrían curarse mediante la edición genética. Modificando el gen defectuoso responsable de estas afecciones, es posible restablecer el funcionamiento normal y aliviar el sufrimiento de los afectados. CRISPR ofrece un medio para combatir enfermedades complejas como el cáncer, en las que intervienen múltiples genes. Manipulando genes clave o introduciendo otros nuevos, los científicos pueden reprogramar las células cancerosas para que se autodestruyan o mejorar las defensas naturales del organismo contra la enfermedad. Esta tecnología de vanguardia ofrece un rayo de esperanza a innumerables personas aquejadas por estas enfermedades devastadoras. Más allá del ámbito de las enfermedades humanas, la edición de genes tiene el potencial de alterar los organismos de formas profundas. Las prácticas agrícolas, por ejemplo, pueden transformarse mediante la aplicación de CRISPR para producir cultivos más resistentes a plagas y enfermedades, o que posean mayor valor nutritivo. Al introducir los rasgos deseados en la composición genética de las plantas, los científicos pueden mejorar la productividad de los cultivos y aumentar la seguridad alimentaria, abordando cuestiones cruciales en un mundo que lucha contra la superpoblación y la escasez de alimentos. Del mismo modo, la edición genética puede utilizarse en la cría de ganado para producir animales con rasgos mejorados, como la resistencia a las enfermedades o un mayor rendimiento cárnico. Esto no sólo beneficia a la industria agrícola, sino que también promete un menor impacto medioambiental y unas prácticas agrícolas más sostenibles. El impacto de la tecnología de edición genética va más allá del ámbito de la medicina y la agricultura. Tiene el potencial de remodelar la humanidad de formas antes inimaginables. La capacidad de alterar la composición genética de los seres humanos plantea profundas cuestiones éticas y desafía las normas sociales. CRISPR permite la modificación de las células de la línea germinal, lo que significa que las alteraciones realizadas en el código genético de un individuo pueden transmitirse a las generaciones futuras. Esto suscita preocupación por la creación de "bebés de diseño" y la posibilidad de que aumenten las disparidades socioeconómicas. La noción de editar rasgos específicos plantea dilemas morales en torno a las ideas de perfección y el posible borrado de la diversidad. Un mundo futurista en el que se busquen ciertos rasgos y otros se consideren indeseables puede tener implicaciones de gran alcance para el concepto de identidad humana y el valor que otorgamos a las diferencias individuales. A pesar de estas preocupaciones éticas, los beneficios potenciales de la tecnología de edición genética son innegables. Ofrece una ventana a un futuro en el que las enfermedades genéticas pueden curarse, los cultivos pueden mejorarse y la humanidad puede moldearse de formas que antes estaban reservadas a la ciencia ficción. Es crucial proceder con cautela y seguir unas directrices éticas estrictas para garantizar el uso responsable de esta tecnología. Deben establecerse marcos reguladores para regir el uso de la edición genética y se necesita una investigación exhaustiva para comprender plenamente los efectos a largo plazo y los riesgos potenciales asociados a estas intervenciones. La tecnología de edición genética, especialmente mediante el uso de CRISPR, tiene el potencial de tener un impacto transformador en el mundo. La capacidad de curar enfermedades, alterar organismos y remodelar la humanidad conlleva tanto grandes promesas como consideraciones éticas. Aprovechando el poder de la edición genética, tenemos la oportunidad de aliviar el sufrimiento humano mediante la erradicación de enfermedades genéticas, mejorar las prácticas agrícolas para combatir la escasez de alimentos y adaptar a la humanidad para afrontar los retos de un mundo en constante cambio. Las nuevas fronteras de la genética ofrecen posibilidades apasionantes, pero hay que navegar por ellas con responsabilidad para garantizar los mejores resultados para toda la humanidad.

REFLEXIONES FINALES SOBRE LA NECESIDAD DE UNA APLICACIÓN RESPONSABLE Y ÉTICA DE LAS TECNOLOGÍAS DE EDICIÓN GENÉTICA

Los notables avances en las tecnologías de edición de genes, en particular CRISPR, presentan una oportunidad increíble para el progreso científico y una revolución potencial en el campo de la genética. La capacidad de modificar genes y curar potencialmente enfermedades que antes se consideraban incurables es, sin duda, motivo de entusiasmo y optimismo. Es primordial que estas tecnologías se utilicen de forma responsable y ética, asegurándonos de que tenemos en cuenta las posibles consecuencias e implicaciones de nuestras acciones.

Una de las principales preocupaciones en torno al uso de las tecnologías de edición genética es la posibilidad de que se produzcan consecuencias y sesgos no deseados. Aunque la precisión y la eficacia de CRISPR son impresionantes, sigue existiendo la posibilidad de que se produzcan efectos no deseados, que podrían dar lugar a alteraciones no intencionadas en el genoma. Esta posibilidad plantea problemas éticos, ya que alterar el genoma puede tener efectos irreversibles en un individuo y, potencialmente, en generaciones futuras. Es crucial que existan protocolos y pruebas de seguridad rigurosos para minimizar el riesgo de consecuencias no deseadas. El uso responsable de las tecnologías de edición genética requiere un diálogo abierto sobre las implicaciones y consideraciones éticas asociadas a estos avances. Es esencial implicar a las diversas partes interesadas, incluidos los científicos, los responsables políticos y el público, en los debates sobre los límites aceptables de la edición genética, los riesgos potenciales y el impacto social de estas tecnologías. Deben incluirse las voces de las comunidades marginadas y los pueblos indígenas, que pueden verse desproporcionadamente afectados por las tecnologías de edición genética, para garantizar una toma de decisiones equitativa. Deben establecerse directrices y normativas éticas que guíen la aplicación responsable de estas tecnologías, fomentando la transparencia, la responsabilidad y la inclusión. El uso potencial de las tecnologías de edición genética con fines no médicos plantea problemas éticos. La capacidad de modificar los rasgos genéticos de los organismos, como los cultivos o el ganado, abre un abanico de posibilidades, desde la mejora de rasgos deseables hasta la posible creación de bebés de diseño. Aunque la mejora de ciertos rasgos puede parecer deseable en algunos contextos, también plantea cuestiones sobre la mercantilización de la vida y la posibilidad de exacerbar las desigualdades existentes. Es crucial considerar detenidamente las implicaciones éticas de tales aplicaciones y establecer salvaguardias para evitar el mal uso o el abuso de las tecnologías de edición genética. Otra consideración importante es el impacto potencial sobre el mundo natural. La liberación de organismos modificados genéticamente en el medio ambiente podría tener consecuencias ecológicas no deseadas. La aplicación responsable de las tecnologías de edición genética debe incluir evaluaciones exhaustivas de los riesgos y precauciones para evitar la propagación involuntaria de organismos modificados genéticamente y posibles alteraciones ecológicas.

Es esencial abordar las preocupaciones éticas relacionadas con la accesibilidad y la equidad de las tecnologías de edición genética. Los elevados costes asociados a las técnicas de edición genética podrían exacerbar las desigualdades existentes, limitando el acceso a quienes pueden permitírselo y marginando aún más a las comunidades desfavorecidas. Cualquier aplicación responsable de las tecnologías de edición genética debe incluir también medidas que garanticen un acceso equitativo, la asequibilidad y la prevención de posibles disparidades en la atención sanitaria. Un enfoque responsable y ético de las tecnologías de edición genética requiere una evaluación y supervisión continuas de sus efectos a largo plazo. Debe estudiarse y evaluarse continuamente el impacto potencial de las modificaciones genéticas en las generaciones futuras y en la población en general. Los estudios de seguridad a largo plazo y la supervisión posterior a la aplicación son esenciales para identificar cualquier consecuencia o riesgo imprevistos y ajustar nuestro uso en consecuencia. El desarrollo de las tecnologías de edición genética, especialmente el revolucionario sistema CRISPR, encierra notables promesas para el futuro de la humanidad. Es crucial que abordemos estas tecnologías con sentido de la responsabilidad y ética. Se necesitan protocolos de seguridad rigurosos, procesos de toma de decisiones inclusivos y directrices éticas para garantizar la aplicación responsable de las tecnologías de edición genética. También es necesaria una evaluación continua de sus efectos, tanto a corto como a largo plazo, para mitigar cualquier consecuencia no deseada. Al esforzarnos por aplicar prácticas responsables y éticas, podemos garantizar que se maximizan los beneficios potenciales de la edición genética, al tiempo que se minimizan los riesgos y los posibles daños asociados a estas poderosas herramientas. Sólo mediante una acción reflexiva y deliberada podremos aprovechar plenamente el potencial de la edición genética y allanar el camino hacia un futuro en el que estas tecnologías se aprovechen para mejorar la humanidad.

BIBLIOGRAFÍA

Dr. Chetana V. Donglikar , Dr. Rajabhau C. Korde. 'Retos y Oportunidades de la Política Educativa Nacional 2020 ante la Educación Superior'. Ashok Yakkaldevi, 20/4/2023

Posetti, Julie. 'Periodismo, noticias falsas y desinformación.' manual para la educación y formación periodísticas, Ireton, Cherilyn, Ediciones UNESCO, 17/09/2018

Heather K Allen. 'Ecología del Virus y Perturbaciones: Impacto de las Alteraciones Medioambientales en los Virus de los Microorganism'. Stephen Tobias Abedon, Frontiers Media SA, 26/3/2015

Nicholas Steiner. 'Consecuencias imprevistas'. Xlibris Corporation, 1/12/2006

John Strain. 'Ética para vivir y trabajar'. Simon Robinson, Troubador Publishing Ltd, 1/1/2008

Academia Nacional de Ciencias. 'Edición hereditaria del genoma humano'. The Royal Society, National Academies Press, 16/1/2021

Tiit Tammaru. 'Segregación socioeconómica urbana y desigualdad de ingresos'. A Global Perspective, Maarten van Ham, Springer Nature, 29/3/2021

Organización de las Naciones Unidas para la Agricultura y la Alimentación . 'El impacto de las catástrofes y las crisis en la agricultura y la seguridad alimentaria: 2021'. Organización de las Naciones Unidas para la Agricultura y la Alimentación, 17/3/2021

David B. Collinge. 'Biotecnología de la resistencia a patógenos vegetales'. John Wiley & Sons, 8/4/2016

Sajid Fiaz. 'Principios y prácticas de la OMICS y la edición del genoma para la mejora de los cultivos'. Channa S. Prakash, Springer Nature, 18/7/2022

Mark Overton. 'La revolución agrícola en Inglaterra'. *The Transformation of the Agrarian Economy 1500-1850, Cambridge University Press, 18/4/1996*

David L. Hawksworth. 'Los OMG. Implicaciones para la conservación de la bio-diversidad y los procesos ecológicos', Anurag Chaurasia, Springer Nature, 30/11/2020

Instituto de Medicina. 'Seguridad de los alimentos modificados genéticamente'. *Approaches to Assessing Unintended Health Effects, National Research Council, National Academies Press, 7/8/2004*

Jonathan Wolff. 'Riesgos y regulación de las nuevas tecnologías'. *Tsuyoshi Matsuda, Springer Nature, 12/1/2020*

C.A. Brebbia. 'Impacto medioambiental II'. *G. Passerini, WIT Press, 14/5/2014*

División de Salud y Medicina. 'Comunidades en Acción'. *Caminos hacia la equidad en salud, Academias Nacionales de Ciencias, Ingeniería y Medicina, National Academies Press, 27/4/2017*

Instituto de las Ideas. 'Bebés de diseño'. *Ellie Lee, Hodder & Stoughton, 1/1/2002*

Muzaffar Munshi. Biohacking: 'Cómo la tecnología está cambiando nuestros cuerpos'. *Muzaffar Munshi, 13/5/2023*

Erik Parens. 'Mejora de los rasgos humanos'. *Implicaciones éticas y sociales, Georgetown University Press, 1/1/1998*

Patrick Arbuthnot. 'Terapia génica para infecciones víricas'. *Academic Press, 6/1/2015*

Extensión de la Vida. 'Prevención y tratamiento de enfermedades'. *Life Extension, 1/1/2013*

Edward Tenner. 'Por qué las cosas vuelven a morder'. *La tecnología y la venganza de las consecuencias imprevistas, Knopf, 1/1/1996*

C. David Coats. 'La granja industrial del viejo MacDonald'. *The Myth of the Traditional Farm and the Shocking Truth about Animal Suffering in Today's Agribusiness, Crossroad Publishing Company, 1/1/1991*

División de Estudios sobre la Tierra y la Vida. 'Cultivos modificados genéticamente'. Experiencias y perspectivas, Academias Nacionales de Ciencias, Ingeniería y Medicina, National Academies Press, 28/1/2017

Theodore Friedmann. 'Terapia génica'. Realidad y ficción en los nuevos enfoques biológicos de la enfermedad, CSHL Press, 1/1/1994

Academia Nacional de Medicina. 'Edición del Genoma Humano'. Science, Ethics, and Governance, Academias Nacionales de Ciencias, Ingeniería y Medicina, National Academies Press, 13/8/2017

Shiu-Jau Chen. 'Edición genética'. Tecnologías y aplicaciones, Yuan-Chuan Chen, BoD - Books on Demand, 29/5/2019

Bruce Alberts. 'Biología Molecular de la Célula'. Garland, 1/1/2004

Alfred Henry Sturtevant. 'Historia de la Genética'. CSHL Press, 1/1/2001

Consorcio Nueva York-Medio Atlántico de Servicios de Detección Genética y Neonatal. 'Comprender la genética'. Una guía de Nueva York y el Atlántico Medio para pacientes y profesionales sanitarios, Alianza Genética, Lulu.com, 1/1/2009

John van der Oost. 'Sistemas CRISPR-Cas'. Inmunidad adaptativa mediada por ARN en bacterias y arqueas, Rodolphe Barrangou, Springer Science & Business Media, 13/12/2012

Christoph Lange. 'Fundamentos de la genética estadística moderna'. Nan M. Laird, Springer Science & Business Media, 13/12/2010

www.ingramcontent.com/pod-product-compliance
Lightning Source LLC
Chambersburg PA
CBHW050722260726
48661CB00001B/25

9798858177128